NOUVEAU MANUEL

DE

BACCALAURÉAT ÈS LETTRES

MATHÉMATIQUES, COSMOGRAPHIE
PHYSIQUE ET CHIMIE

Le *Nouveau Manuel du Baccalauréat ès lettres* se compose des six parties suivantes qui se vendent réunies ou séparées :

1° *Notices historiques et littéraires* sur les auteurs et les ouvrages grecs, latins et français, indiqués pour l'épreuve de l'explication, avec un résumé des règlements universitaires relatifs au baccalauréat ès lettres, et des conseils pour faire une version, par M. Lesieur, ancien professeur de rhétorique;

2° *Questions littéraires* développées par M. Lesieur;

3° *Questions de philosophie* développées par M. Jourdain, professeur de philosophie au collège Stanislas;

4° *Questions d'histoire* développées par MM. Duruy et Barberet, professeurs d'histoire;

ON VEND SÉPARÉMENT

Questions d'histoire ancienne et d'histoire romaine, par M. Duruy;

Questions d'histoire du moyen âge et d'histoire moderne, par M. Barberet.

5° *Questions de géographie* développées par M. Cortambert, professeur de géographie;

6° *Questions de mathématiques, de cosmographie, de physique et de chimie* développées par M. Saigey, auteur de plusieurs ouvrages scientifiques.

À la même Librairie :

Mémento du baccalauréat ès lettres, ou *Réponses claires et précises à toutes les questions du programme officiel*, destinées à aider la mémoire pendant la préparation et au moment de l'examen, et extraites du *Nouveau Manuel;* par MM. Lesieur, Jourdain, Duruy, Barberet, Cortambert et Saigey. *Nouvelle édition conforme au programme du 26 novembre* 1849. 1 vol. in-18. Prix, broché...... 2 fr.

Recueil de versions latines dictées à la Sorbonne pour les examens du baccalauréat ès lettres, mises en ordre avec chaque date précise; par M. Delestree, ancien chef d'institution à Paris. 2 volumes in-12, textes et traductions. Prix, brochés............ 2 fr.

Chaque volume se vend séparément.

Programmes officiels du baccalauréat, de la licence et du doctorat ès lettres, avec un extrait des règlements universitaires relatifs à ces examens. *Nouvelle édition conforme au règlement du 26 novembre* 1849. 1 volume in-12. Prix, broché........ 30 c.

DE L'IMPRIMERIE DE CRAPELET, RUE DE VAUGIRARD, 9.

QUESTIONS
DE MATHÉMATIQUES

DE COSMOGRAPHIE, DE PHYSIQUE ET DE CHIMIE

POUR L'EXAMEN

DU BACCALAURÉAT ES LETTRES

DÉVELOPPÉES

PAR

J. SAIGEY

AUTEUR DE PLUSIEURS OUVRAGES SCIENTIFIQUES

NOUVELLE ÉDITION

conforme au programme du 26 novembre 1849

PARIS

LIBRAIRIE DE L. HACHETTE ET Cie

RUE PIERRE-SARRAZIN, N° 14

(Quartier de l'École de Médecine)

1849

QUESTIONS

DE MATHÉMATIQUES

ET DE COSMOGRAPHIE.

ARITHMÉTIQUE.

I.

1. Qu'appelle-t-on grandeur ou quantité, unité, nombre abstrait et nombre concret ? — 2. Numération parlée et écrite. — 3. Addition. — 4. Soustraction. — 5. Multiplication des nombres entiers.

1. Qu'appelle-t-on grandeur ou quantité, unité, nombre abstrait et nombre concret ?

On appelle *grandeur* ou *quantité* tout ce qui est susceptible d'augmentation ou de diminution. Tantôt c'est un tout continu, sans distinction de parties ; tantôt c'est une réunion d'objets distincts et égaux entre eux. Dans le premier cas, cette grandeur ou quantité fait le sujet de la géométrie ; et, dans le second cas, elle est du domaine de l'arithmétique.

La quantité discontinue a reçu la dénomination de *nombre*. Un nombre est donc formé d'objets égaux entre eux, et dont chacun constitue l'*unité* du nombre. Quelquefois les unités d'un même nombre ne sont pas égales entre elles ; mais alors on ne les considère que relativement à l'une de leurs propriétés communes ; dans tous les cas, il suffit que leur dénomination soit la même. Ainsi, l'on dira *dix hommes, dix animaux, dix êtres*, bien que ces hommes, ces animaux, ces êtres diffèrent plus ou moins les uns des autres.

L'étude des nombres est indépendante de la nature des unités. Si l'on ne fait pas connaître cette nature, le nombre est dit *abstrait* ; et il est *concret*, si l'on y joint le nom de l'unité.

2. Numération parlée et écrite.

La numération est l'art d'énoncer et d'écrire les nombres.

Chaque langage a ses mots et ses caractères alphabétiques pour désigner les nombres. Mais on a imaginé, en outre, de représenter les nombres abstraits par des caractères spéciaux, que l'on nomme *chiffres*, et en suivant un certain principe de composition des nombres.

Les **chiffres** sont les suivants :

$$1 \quad 2 \quad 3 \quad 4 \quad 5 \quad 6 \quad 7 \quad 8 \quad 9,$$

et représentent les neuf premiers nombres, *un, deux, trois, quatre, cinq, six, sept, huit, neuf*. Il y a de plus un *zéro*, marqué 0, pour indiquer au besoin l'absence de certains chiffres.

Quant au principe fondamental de la numération, il consiste en ce que l'on prend dix *unités* pour former une *dizaine*; dix *dizaines*, pour former une *centaine*; dix *centaines*, pour former un *mille*; dix *mille*, pour former une *dizaine de mille*; et ainsi de suite, chaque groupe ou *ordre d'unités* étant décuple du précédent.

Cela posé, le même chiffre, tel que 3, sert à indiquer trois unités simples, s'il est placé le premier à la droite du nombre; ou bien trois dizaines, s'il est au second rang; trois centaines, s'il est au troisième rang, et ainsi de suite, ce même chiffre acquérant une valeur décuple, chaque fois qu'il avance d'un rang vers la gauche du nombre. Et, pour conserver à ce chiffre le rang qu'il doit avoir, on met un zéro à la place de chaque ordre d'unité qui vient à manquer. Ainsi, le nombre 5307842 est formé de deux unités, quatre dizaines, huit centaines, sept mille, pas de dizaine de mille, trois centaines de mille, et cinq millions. L'usage veut qu'on le partage de droite à gauche par tranches de trois chiffres, la dernière tranche pouvant être incomplète, comme il suit :

$$5 \ 307 \ 842.$$

La première tranche à droite est dite celle des *unités*; la seconde, celle des *mille*; la troisième, celle des *millions*; la quatrième, celle des *billions* ou *milliards*, etc. Et, dans chaque tranche, le premier chiffre à droite exprime les unités de la tranche; le second chiffre, les dizaines de la tranche; le troisième chiffre, les centaines de la même tranche. Enfin, on énonce les tranches à partir de la plus élevée; en sorte que le nombre précédent se lira de la manière suivante : *Cinq* MILLIONS, *trois cent sept* MILLE, *huit cent quarante-deux* UNITÉS.

Du principe de la *numération décimale*, énoncé tout à l'heure, il suit qu'en ajoutant un zéro à la droite d'un nombre, chaque chiffre de ce nombre acquiert une valeur décuple, comme ayant avancé d'un rang vers la gauche; en sorte que le nombre lui-même est devenu dix fois plus grand. Il deviendrait dix fois dix, c'est-à-dire cent fois plus grand, si l'on ajoutait deux zéros sur sa droite, et ainsi de suite, décuplant à chaque zéro. Il est évident qu'un nombre serait réduit au dixième, au centième, au millième, etc. de sa valeur primitive, si l'on ôtait sur la droite, un, ou deux, ou trois, etc. zéros.

3. **Addition.** — **Règle.** — Preuve de l'addition par une autre addition.

L'*addition* est une opération par laquelle on réunit plusieurs nombres en un seul.

A cet effet, on écrit les nombres les uns sous les autres, en ayant soin de les aligner sur la droite, de telle manière que les chiffres d'un même ordre soient tous placés dans une même colonne verticale. Alors on peut faire les sommes partielles des unités, des dizaines, des centaines, etc., jusqu'à l'ordre le plus élevé. Chaque somme partielle se met au-dessous de la colonne qui l'a produite ; et toutes ces sommes partielles forment la somme totale que l'on cherchait.

Si une somme partielle ne dépasse pas 9 , on l'écrit purement et simplement à sa place. Mais si cette somme exigeait deux chiffres, comme 45 , on inscrirait seulement le premier chiffre à droite 5 au-dessous de la colonne, et l'on *retiendrait* le second chiffre 4 pour l'ajouter à la colonne suivante. En effet, 45 unités d'un certain ordre font 5 unités de cet ordre, plus 4 unités de l'ordre immédiatement supérieur. On voit de suite que si une somme partielle donnait trois chiffres, comme 245 , on devrait poser 5 et retenir 24 pour la colonne suivante. C'est à cause de ces retenues que l'addition doit se faire à commencer par la droite, c'est-à-dire par les chiffres d'ordres inférieurs, dont la somme partielle peut donner des valeurs d'ordres plus élevés.

Mais, après avoir fait l'addition par la droite, on peut la faire par la gauche, et vérifier ainsi la première opération. Supposons faite l'addition suivante :

$$\begin{array}{r} 5306 \\ 4981 \\ 6349 \\ 8510 \\ \hline 25146 \end{array}$$

on fera les additions des colonnes en commençant par la gauche, et l'on trouvera successivement 23 , 20 , 13 et 16 , sommes partielles que l'on retranchera au fur et à mesure de la somme totale 25146 , laquelle se trouvera réduite à zéro, si l'opération est faite sans erreur.

4. Soustraction des nombres entiers.

La *soustraction* est une opération par laquelle on retranche un nombre d'un autre, qui est nécessairement plus grand.

Le résultat de cette opération se nomme le *reste* du grand nombre, ou son *excès* sur le plus petit, ou la *différence* entre les deux nombres.

Pour faire une soustraction, on met le petit nombre sous le plus grand, de telle manière que les chiffres de même ordre se correspondent. Puis chacun des chiffres du petit nombre se retranche du chiffre correspondant du grand nombre ; les restes partiels s'écrivent au-dessous, et forment par leur réunion la différence cherchée.

Mais si le chiffre du grand nombre était plus petit que le chiffre correspondant du petit nombre, le reste partiel ne pourrait plus s'obtenir immédiatement. Il faudrait, au préalable, *emprunter* dans le grand nombre une unité de l'ordre immédiatement supérieur, pour l'ajouter comme une dizaine à ce chiffre trop petit. Si, par exemple, on avait à retrancher 47 de 83, ne pouvant retrancher 7 unités de 3 unités, on porterait ces dernières unités à 13, par l'adjonction d'une dizaine prélevée sur les 8 dizaines, qui se trouveraient réduites à 7.

Si le chiffre auquel on recourt pour l'emprunt se trouvait être un zéro, on passerait au chiffre suivant, sur lequel on prélèverait une unité, qui en deviendrait 10 de l'ordre du zéro, lequel se réduirait à 9 en prélevant l'unité demandée. C'est ainsi qu'en passant sur un ou plusieurs zéros pour aller faire l'emprunt d'une unité, ces zéros deviennent comme autant de 9.

Pour faire la preuve de la soustraction, il faut ajouter le petit nombre avec le reste, et la somme reproduira le grand nombre, si l'opération est sans faute.

5. Multiplication des nombres entiers.

Multiplier un nombre par un autre, c'est répéter le premier autant de fois qu'il y a d'unités dans le second. Ainsi, multiplier 457 par 23, c'est faire la somme de 23 nombres égaux à 457.

Le nombre que l'on répète ou que l'on ajoute à lui-même, est le *multiplicande* ; le nombre qui indique combien de fois cette répétition doit avoir lieu, se nomme le *multiplicateur* ; le résultat de la multiplication s'appelle le *produit*, dont les deux *facteurs* sont le multiplicande et le multiplicateur.

Le produit étant une répétition du multiplicande, est nécessairement de la même espèce que ce dernier.

La multiplication des nombres exige que l'on connaisse tous les produits de deux nombres d'un seul chiffre chacun. Ces produits se trouvent indiqués dans la table suivante, dont l'invention est attribuée à Pythagore :

1	2	3	4	5	6	7	8	9
2	4	6	8	10	12	14	16	18
3	6	9	12	15	18	21	24	27
4	8	12	16	20	24	28	32	36
5	10	15	20	25	30	35	40	45
6	12	18	24	30	36	42	48	54
7	14	21	28	35	42	49	56	63
8	16	24	32	40	48	56	64	72
9	18	27	36	45	54	63	72	81

Dans ce tableau, chaque nombre est le produit des deux nombres qui se trouvent l'un en tête de la même colonne verticale, l'autre à gauche de la même rangée horizontale.

La multiplication par un nombre d'un seul chiffre se fait en multipliant par ce chiffre chacun des chiffres du multiplicande, en allant de la droite vers la gauche. On écrit dans le même ordre les produits partiels, en faisant les retenues comme pour l'addition.

Lorsque le multiplicateur consiste en un seul chiffre suivi de zéros, comme 300, on multiplie d'abord par 3, puis on ajoute à la droite du produit les deux zéros du multiplicateur : car on aura ainsi répété le multiplicande 3 fois, et ce résultat 100 fois, ce qui fait 300 fois.

On passe ensuite aisément au cas de la multiplication par un nombre quelconque. Car s'il s'agissait de multiplier 81296 par 3547, on multiplierait le même nombre 81296 d'abord par 7, puis par 40, puis par 500, puis par 3000, et on ajouterait entre eux tous ces produits partiels. Voici l'opération :

81296	Multiplicande.
3547	Multiplicateur.
569072	Produit par 7.
3251840	Produit par 40.
40648000	Produit par 500.
243888000	Produit par 3000.
288356912	Produit par 3547.

S'il y avait des zéros à la suite du multiplicande et du multiplicateur, on en ferait d'abord abstraction, et l'on compléterait le produit en ajoutant à sa droite autant de zéros qu'il y en a dans les deux facteurs; car on arriverait à ce résultat en suivant la marche ordinaire, indiquée ci-dessus.

II.

DIVISION DES NOMBRES ENTIERS.

Diviser un nombre par un autre, c'est chercher combien de fois celui-ci est contenu dans le premier; ou bien, c'est partager le premier en autant de parties égales qu'il y a d'unités dans le second.

Ainsi, diviser 43658 par 24, c'est chercher combien de fois 24 est contenu dans 43658; ou bien, c'est partager 43658 en 24 parties égales.

Le *dividende* est le nombre 43658 que l'on divise, et le *diviseur* est le nombre 24 par lequel on divise. Le résultat de l'opération se nomme *quotient*.

Pour diviser un nombre par un autre, il faut diviser par ce dernier chacun des chiffres du premier, et réunir les quotients partiels. Voici l'opération sur les nombres indiqués plus haut :

Dividende	43658		24 diviseur.
	420		569 quotient.
Premier reste. . .	1658		
	144		
Second reste . . .	218		
	216		
Reste final. . . .	2		

On trouve d'abord que 436 centaines divisées par 24 donnent 5 centaines pour quotient, avec un premier reste 1658; puis, que 465 dizaines divisées par 24 donnent 6 dizaines pour quotient, avec un second reste 218; qu'enfin 218 unités divisées par 24 donnent 9 unités pour quotient, avec un troisième reste 2, qui ne peut plus être divisé par 24. Le quotient complet est donc 569; en sorte que le dividende 43658 contient 569 fois le diviseur 24, avec un reste ou excès de 2 unités. Par conséquent, si l'on multiplie le diviseur par le quotient et qu'on ajoute au produit le reste final de la division, on retrouvera le dividende, et on aura ainsi vérifié l'opération.

Lorsqu'on fait les divisions partielles, on reconnaît qu'un chiffre posé au quotient est trop fort si le produit du diviseur par ce chiffre ne peut pas être retranché du reste correspondant de la division;

on reconnaît que ce chiffre est trop faible lorsque le suivant surpasserait 9 .

III.

1. FRACTIONS DÉCIMALES. — 2. ADDITION, SOUSTRACTION, MULTIPLICATION ET DIVISION DES FRACTIONS DÉCIMALES, OU DES NOMBRES ENTIERS ACCOMPAGNÉS DE FRACTIONS DÉCIMALES.

1. Fractions décimales.

On a vu, par le principe de la numération décimale, que le même chiffre acquiert une valeur dix fois plus forte à mesure qu'il avance d'un rang vers la gauche. Réciproquement, ce chiffre acquiert une valeur dix fois moindre à mesure qu'il recule d'un rang vers la droite. Arrivé au rang des unités simples, ce chiffre peut encore descendre plus bas, il exprimera des dixièmes d'unité si on l'inscrit à la première place à droite des unités ; des centièmes, si on le met à la seconde place ; des millièmes à la troisième place, et ainsi de suite. Mais pour assigner à chaque chiffre son rang, il faut avoir soin de placer une virgule immédiatement à la droite du chiffre des unités ; car une fois ce chiffre connu, on aura la valeur de tous ceux qui sont à sa gauche, lesquels forment la partie *entière* du nombre, et la valeur de tous ceux qui sont à sa droite, lesquels forment la partie *décimale* du même nombre.

D'après cela, on voit qu'en partant de la virgule et allant vers la droite, la première décimale exprime des dixièmes d'unité ; la seconde, des centièmes ; la troisième, des millièmes ; puis des dix-millièmes, des cent-millièmes, des millionièmes, et ainsi de suite indéfiniment.

Pour énoncer la partie décimale d'un nombre, on peut énoncer chaque chiffre en ajoutant la valeur que son rang lui assigne ; ou bien lire toute la partie décimale comme un nombre entier, en ajoutant la dénomination du dernier chiffre décimal. En effet, 5 dixièmes et 7 centièmes, par exemple, font 57 centièmes ; 5 dixièmes 7 centièmes et 3 millièmes font 573 millièmes, et ainsi du reste.

Un nombre tel que 46,573 deviendra évidemment 10 fois plus grand si l'on recule la virgule d'un rang vers la droite, comme 465,73, puisqu'alors chaque chiffre, tant de la partie décimale que de la partie entière, aura marché d'un rang vers la gauche. Réciproquement, le nombre 46,573 deviendra 10 fois plus petit, si, reculant la virgule d'un rang vers la gauche, on écrit 4,6573. En déplaçant la virgule de deux rangs, on multiplie ou divise le nombre par 100 ; par 1000, si l'on déplace la virgule de trois rangs, etc.

Au reste, comme la valeur de chaque chiffre dépend de sa position relativement à la virgule, on voit qu'il est indifférent d'ajouter ou de retrancher des zéros sur la droite de la partie décimale, de même qu'il est inutile d'en mettre à la gauche de la partie entière.

2. Addition, soustraction, multiplication et division des fractions décimales, ou des nombres entiers accompagnés de fractions décimales.

L'addition et la soustraction des fractions décimales se font absolument comme pour les nombres entiers. Il suffit de placer les virgules dans la même colonne verticale.

Quant à la multiplication des fractions décimales, il faut d'abord considérer le cas où le multiplicande seul a des décimales, comme 36,254, et le multiplicateur est un nombre entier, tel que 47. Il est clair qu'il faut répéter 47 fois tant la partie entière 36 que la partie décimale 0,254. Donc la multiplication doit se faire sans égard pour la virgule, en ayant soin de la placer au produit comme elle l'est au multiplicande.

Si le multiplicateur a des chiffres décimaux, comme 45,37, il faut supprimer la virgule, ce qui le rendra cent fois plus grand; puis faire la multiplication comme précédemment, ce qui donnera 55717,787 : ce produit sera donc cent fois trop grand ; et pour le ramener à sa valeur réelle, il faudra reculer la virgule de deux rangs vers la gauche, d'où 557,17787 ; en sorte que le produit aura cinq décimales, c'est-à-dire, autant qu'il y en a dans le multiplicande et le multiplicateur. Pour compléter ce nombre de chiffres décimaux, il est quelquefois nécessaire d'ajouter des zéros sur la gauche du produit. Ainsi 0,35 multiplié par 0,07 donne 0,0245.

On arrive encore à la même règle de la manière suivante : multiplier par 0,45 , c'est répéter le multiplicande 4 dixièmes de fois et 5 centièmes de fois; ou mieux, c'est en prendre 4 fois le dixième et 5 fois le centième. Or, on en prend le dixième en reculant la virgule d'un rang ; et le centième, de deux rangs vers la gauche du multiplicande ; après quoi l'on multipliera les deux résultats respectivement par 4 et par 5.

La division des fractions décimales se fait absolument comme celle des nombres entiers, si le dividende et le diviseur ont autant de chiffres décimaux l'un que l'autre, auquel cas on supprime les deux virgules pour faire ensuite la division. En effet, soit à diviser 37,459 par 2,163 ; c'est en réduisant tout en millièmes, chercher combien de fois 37459 millièmes contiennent 2163 millièmes. Le quotient sera évidemment le même que si l'on cherchait combien de fois 37459 unités contiennent 2163 unités.

Si les fractions n'avaient pas un égal nombre de décimales, on ajouterait suffisamment de zéros à la droite de celle qui en aurait le moins, et l'opération continuerait comme précédemment.

IV.

1. FRACTIONS EN GÉNÉRAL. — 2. RÉDUCTION DES FRACTIONS AU MÊME DÉNOMINATEUR. — 3. DÉMONSTRATION DE LA RÈGLE POUR TROUVER LE PLUS GRAND COMMUN DIVISEUR DE DEUX NOMBRES. — 4. USAGE DE CETTE RÈGLE POUR RÉDUIRE UNE FRACTION A SA PLUS SIMPLE EXPRESSION.

1. Fraction en général.

Il est souvent besoin de partager en parties égales une chose considérée comme unité; d'autres fois on veut avoir le quotient exact d'un certain nombre de choses qui ne peuvent se diviser sans reste. Dans l'un et l'autre cas il est nécessaire de diviser l'unité en parties égales, plus ou moins petites, pour considérer une ou plusieurs de ces parties sous le nom de *fraction*.

Une fraction s'écrit à l'aide de deux nombres ou *termes*, placés l'un au-dessous de l'autre et séparés par un trait horizontal. Le nombre inférieur, appelé *dénominateur*, indique en combien de parties égales l'unité a été divisée ; le nombre supérieur, appelé *numérateur*, indique combien l'on prend de ces parties pour constituer la fraction.

On peut aussi considérer une fraction comme exprimant le quotient du numérateur (qui est dividende) par le dénominateur (qui est diviseur).

En effet, on arrive à la fraction $\frac{3}{5}$, par exemple, de deux manières; soit en prenant 3 parties d'une seule unité, divisée en 5 parties; soit en divisant 3 unités chacune en 5 parties, et prélevant une partie de chaque unité.

2. Réduction des fractions au même dénominateur.

Si l'on double, triple, etc. le numérateur d'une fraction, on doublera, triplera, etc. le nombre des parties qui la composent, et, par suite, on doublera, triplera, etc. la fraction elle-même. Réciproquement, on la diviserait en divisant le numérateur seulement, si cette division pouvait se faire sans reste.

Mais si l'on double, ou triple , etc., le dénominateur d'une fraction, on rendra les parties qui la composent deux, trois, etc., fois plus petites, et par conséquent on aura divisé la fraction par 2 , par

3 , etc. Réciproquement, on la multiplierait si l'on pouvait diviser le dénominateur sans reste.

On ne changera donc point la valeur d'une fraction si l'on multiplie, ou si l'on divise ses deux termes par un même nombre. Cette remarque conduit à la manière de simplifier une fraction. On la ramène à sa plus simple expression en divisant ses deux termes sans reste par le plus grand nombre possible.

Quand les fractions proposées n'ont pas le même dénominateur, on les ramène à cette condition en multipliant les deux termes de chacune par les dénominateurs de toutes les autres. Alors, sans changer leurs valeurs respectives, ces fractions acquièrent le même dénominateur.

3. Démonstration de la règle pour trouver le plus grand commun diviseur de deux nombres.

Pour trouver le plus grand commun diviseur de deux nombres, on divise le plus grand de ces nombres par le plus petit ; puis ce plus petit par le reste de la division ; puis ce premier reste par le second reste, et ainsi de suite, jusqu'à ce qu'on arrive à un reste qui divise exactement le précédent : ce dernier reste sera le plus grand commun diviseur cherché. Ayant, par exemple, à chercher le plus grand commun diviseur de 806 et 208 , on diviserait le plus grand 806 par le plus petit 208 , d'où le quotient 3 avec un reste 182 ; en sorte qu'on aurait

$$806 = 208 \times 3 + 182 .$$

Or, il est clair que le nombre cherché, qui divisera 806 et 208 , divisera aussi 3 fois 208 , et par conséquent 182 , qui, avec 208×3 complète 806 . C'est ce qu'on exprime en disant que le diviseur exact d'un tout 806 , divisera la seconde partie 182 de ce tout, si elle divise la première partie 208×3 . Ainsi le problème est ramené à trouver le plus grand commun diviseur du plus petit nombre donné 208 et du reste 182 . Divisant l'un par l'autre, on a 1 pour quotient et 26 pour reste ; en sorte que

$$208 = 182 \times 1 + 26 ,$$

où l'on voit de même que le diviseur de 208 et de 182 , divisera aussi 26 . Essayant enfin la division de 182 par 26 , on trouve un quotient exact 7 ; en sorte que le dernier diviseur 26 est le plus grand commun diviseur des nombres proposés.

4. Usage de cette règle pour réduire une fraction à sa plus simple expression.

Quand une fraction ordinaire est proposée, on peut la ramener à sa plus simple expression, en cherchant, comme ci-dessus, le plus grand commun diviseur de ses deux termes, et divisant chacun de ceux-ci par ce plus grand commun diviseur, ce qui ne changera pas la valeur de la fraction.

Si le numérateur était plus grand que le dénominateur, on commencerait par extraire le nombre entier que la fraction peut contenir, c'est-à-dire transformer cette fraction en un nombre entier plus une fraction moindre que l'unité. Ainsi la fraction $\frac{420}{150}$ étant proposée, on commence par effectuer la division du numérateur par le dénominateur, d'où le quotient 2 et le reste 120 ; en sorte que l'on a

$$\frac{420}{150} = 2 + \frac{120}{150}$$

Si maintenant on cherche le plus grand commun diviseur des deux termes 120 et 150 de la fraction $\frac{120}{150}$ plus petite que l'unité, on trouvera 30 . Divisant donc 120 et 150 par 30 , on trouvera les quotients exacts 4 et 5 ; et la fraction $\frac{120}{150}$ se trouvera ramenée à sa plus simple expression $\frac{4}{5}$.

V.

1. ADDITION, SOUSTRACTION. — 2. MULTIPLICATION. — 3. DIVISION DES FRACTIONS PROPREMENT DITES ET DES NOMBRES FRACTIONNAIRES.

1. Addition et soustraction des fractions.

Les fractions ordinaires ne peuvent se combiner, par voie d'addition et de soustraction, qu'autant qu'elles ont même dénominateur; car on ne peut ajouter ou retrancher que des choses de même espèce, que des parties de même dénomination. Dans ce cas, il suffit de faire ces deux genres d'opération sur les numérateurs, en donnant au résultat le dénominateur commun.

2. Multiplication des fractions.

Multiplier une fraction par un nombre entier, c'est évidemment répéter cette fraction autant de fois qu'il y a d'unités dans ce nombre. Mais la multiplication par une fraction est moins aisée à concevoir. Par exemple, multiplier quelque chose par $\frac{3}{5}$, c'est prendre les trois cinquièmes de cette chose. On en prend le cinquième en divisant la chose par 5 , et l'on prend 3 de ces parties à l'aide d'une multiplication ; en sorte que la multiplication par une fraction est une opération complexe , à savoir, une division suivie d'une multiplication.

Supposons qu'il s'agisse de multiplier $\frac{3}{5}$ par 4 : le produit sera évidemment $\frac{12}{5}$; le numérateur seul ayant été multiplié par 4.

Mais s'il s'agissait de multiplier 4 par $\frac{3}{5}$, c'est-à-dire de prendre les trois cinquièmes de 4, on prendrait d'abord le cinquième de 4, qui est $\frac{4}{5}$; puis on multiplierait ce quotient par 3, et l'on aurait $\frac{12}{5}$ pour résultat final, comme tout à l'heure.

La multiplication de deux fractions l'une par l'autre, de $\frac{3}{5}$ par $\frac{4}{7}$, n'offre pas plus de difficulté. On prendra d'abord le septième de $\frac{3}{5}$, d'où $\frac{3}{35}$; puis on prendra 4 fois ce quotient, d'où le résultat final $\frac{12}{35}$, lequel fait voir que le produit de deux fractions s'obtient en multipliant terme à terme, c'est-à-dire numérateur par numérateur, et dénominateur par dénominateur.

Quand la fraction est accompagnée d'un nombre entier, auquel cas on a un *nombre fractionnaire*, on commence par réunir le tout en une seule fraction, de la manière suivante : si, par exemple, on avait le nombre fractionnaire 3 plus $\frac{2}{5}$, on pourrait écrire $\frac{3}{1}$ plus $\frac{2}{5}$, puis multiplier par 5 les deux termes de la première fraction, ce qui donnerait $\frac{15}{5}$ plus $\frac{2}{5}$, ou $\frac{17}{5}$. Alors la multiplication des nombres fractionnaires se trouve ramenée à celle de simples fractions.

Le produit de deux ou de plusieurs fractions donne naissance aux fractions de fractions. Ainsi multiplier $\frac{3}{5}$ par $\frac{4}{7}$ et par $\frac{6}{11}$, c'est prendre les quatre septièmes de la première fraction, puis les six onzièmes du résultat ; en d'autres termes, c'est prendre les six onzièmes des quatre septièmes de trois cinquièmes ; ce qui s'obtient en multipliant tous les numérateurs les uns par les autres, ainsi que tous les dénominateurs, et mettant le second produit sous le premier.

Le produit de deux fractions, plus petites que l'unité, est nécessairement moindre que chacune de ces fractions ; car, par exemple, les 4 septièmes de $\frac{3}{5}$ valent moins que les 7 septièmes de la même fraction ou que cette fraction tout entière. D'ailleurs le produit est le même, quel que soit l'ordre de la multiplication.

3. Division des fractions.

Diviser une fraction par 2, par 3, par 4, etc., c'est rendre cette fraction 2 fois, 3 fois, 4 fois, etc., plus petite ; opération que l'on effectue en multipliant le dénominateur par ces nombres, ou lorsque cela se peut sans reste, en divisant le numérateur par les mêmes nombres, comme il a été dit plus haut.

Pour diviser un nombre entier par une fraction, par exemple 4 par $\frac{3}{5}$, on réduira 4 en cinquièmes, d'où $\frac{20}{5}$ à diviser par $\frac{3}{5}$, ou 20 à diviser par 3, ce qui donne $\frac{20}{3}$ pour quotient.

Ayant à diviser une fraction telle que $\frac{4}{7}$ par une autre fraction telle que $\frac{3}{7}$, on réduira ces deux fractions au même dénominateur, d'où $\frac{20}{35}$ à diviser par $\frac{21}{35}$, ou enfin 20 à diviser par 21, ce qui donne $\frac{20}{21}$ pour le quotient cherché. Ce raisonnement fait voir que le quotient s'obtient en multipliant terme à terme le dividende par la fraction diviseur renversée. La même règle s'étend aux nombres entiers, auxquels on peut donner l'unité pour dénominateur. Elle s'applique également aux nombres fractionnaires ; après que l'on a transformé ceux-ci en de simples fractions, comme il a été dit à l'article de la multiplication des nombres fractionnaires.

VI.

SYSTÈME MÉTRIQUE.

Le *système métrique* des poids et mesures est fondé sur le principe de la numération décimale. L'unité de longueur étant admise, toutes les autres mesures s'en déduisent d'une manière simple.

Le *mètre* est cette unité des longueurs. C'est la dix-millionième partie du quart du méridien terrestre, c'est-à-dire de la distance du pôle à l'équateur, mesurée sur la surface de l'Océan.

Le mètre se divise en 10 *décimètres* ; le décimètre, en 10 *centimètres* ; le centimètre, en 10 *millimètres*. Ensuite, 10 mètres forment un *décamètre* ; 10 décamètres, un *hectomètre* ; 10 hectomètres, un *kilomètre* ; 10 kilomètres, un *myriamètre*.

En général, les expressions *déci*, *centi*, *milli*, placées en avant du nom de l'unité, indiquent les dixièmes, les centièmes et les millièmes de cette unité ; et les expressions *déca*, *hecto*, *kilo*, *myria*, les dizaines, centaines, mille et dizaines de mille de la même unité.

L'*are* est l'unité des mesures agraires. C'est un carré qui a pour côté le décamètre, et qui, par conséquent, équivaut à cent mètres carrés.

Le *stère* est l'unité des mesures de solidité. C'est le cube du mètre. Il sert à mesurer le bois de chauffage, le volume des bois d'équarrissage, etc.

Le *litre* est l'unité des mesures de capacité, pour les liquides, les graines et autres matières sèches. C'est le cube du décimètre. Il se divise en 10 *décilitres* et en 100 *centilitres*. Ses composés sont le *décalitre* et l'*hectolitre*, mesures de 10 et de 100 litres.

Le *gramme* est l'unité des poids. Il pèse dans le vide comme un centimètre cube d'eau pure, au maximum de densité, qui arrive à 4 degrés du thermomètre centigrade. Ses subdivisions sont le *déci-*

gramme, le *centigramme* et le *milligramme*, ou dixième, centième et millième de gramme. Ses multiples sont le *décagramme*, l'*hectogramme* et le *kilogramme*, qui représentent dix, cent et mille grammes.

Le *franc* est l'unité des monnaies. C'est une pièce qui pèse 5 grammes, et qui est formée de 9 parties d'argent sur une partie de cuivre. Deux de ses divisions, le *décime* et le *centime*, ou dixième et centième de franc, sont seules usitées.

VII.

1. NOTIONS SUR LES PUISSANCES ET LES RACINES. — 2. DÉMONSTRATION DE LA RÈGLE POUR L'EXTRACTION DE LA RACINE CARRÉE D'UN NOMBRE ENTIER.

1. Notions sur les puissances et les racines.

Le produit d'un nombre multiplié par lui-même est la *seconde puissance* ou le *carré* de ce nombre. Si l'on multiplie ce carré par le même nombre, le produit sera la *troisième puissance* ou le *cube* du nombre. Les quatrième, cinquième, sixième, etc. puissances d'un nombre sont les produits respectifs de quatre, de cinq, de six, etc., facteurs égaux à ce nombre.

Réciproquement, la *racine deuxième* ou *racine carrée* d'un nombre est telle qu'étant multipliée par elle-même, elle reproduit le nombre proposé. La *racine troisième*, ou *racine cubique* d'un nombre, est telle que, multipliée deux fois de suite par elle-même, elle reproduit ce nombre; et ainsi de suite, la racine n^e d'un nombre étant un second nombre qui, élevé à la n^e puissance, reproduit le premier nombre.

La puissance d'un nombre s'indique au moyen d'un chiffre nommé *exposant*, qui se place au-dessus et à droite du nombre proposé. Ainsi

$$8^2, \quad (45)^3, \quad (317)^4, \quad \left(\tfrac{3}{4}\right)^5$$

sont quatre expressions de puissance : la première indiquant le carré de 8 ; la seconde, le cube de 45 ; la troisième, la quatrième puissance de 317 ; enfin la quatrième, la cinquième puissance de la fraction $\tfrac{3}{4}$. Pour élever une fraction à une certaine puissance, il est aisé de voir qu'on doit élever chacun des termes, numérateur et dénominateur, à la puissance en question ; car, pour multiplier une fraction par elle-même, il faut multiplier numérateur par numérateur et dénominateur par dénominateur.

La racine d'un nombre s'indique par le signe *radical* $\sqrt{}$, placé à gauche de ce nombre, ce signe portant à son ouverture le chiffre qui marque le degré de la racine. Ainsi

$$\sqrt{8} \ , \quad \sqrt[3]{45} \ , \quad \sqrt[4]{217} \ , \quad \sqrt[5]{\tfrac{3}{4}}$$

expriment respectivement la racine carrée de 8 , la racine cubique de 45 , la racine quatrième de 217 , la racine cinquième de $\tfrac{3}{4}$. Cette dernière s'effectuera en prenant la racine du numérateur et celle du dénominateur.

On peut faire directement toutes les puissances d'un nombre proposé, puisqu'il suffit pour cela de suivre la règle de multiplication. Mais l'extraction des racines est difficile, et ne peut se faire le plus souvent que par approximation.

2. Démonstration de la règle pour l'extraction de la racine carrée
d'un nombre entier.

Le *carré* d'un nombre est le produit de ce nombre par lui-même. Ainsi, les carrés des neuf premiers nombres

$$1, \ 2, \ 3, \ 4, \ 5, \ 6, \ 7, \ 8, \ 9,$$

sont respectivement

$$1, \ 4, \ 9, \ 16, \ 25, \ 36, \ 49, \ 64, \ 81.$$

Quand un nombre est formé d'unités et de dizaines, comme 45 , il est aisé de voir que son carré contient le carré des dizaines 40 , deux fois le produit des dizaines 40 par les unités 5 , et le carré des unités 5 .

Par conséquent, tout nombre exprimé par deux ou plus de chiffres pouvant se décomposer en dizaines et en unités, son carré sera toujours formé des trois parties indiquées ci-dessus.

Réciproquement, un nombre étant considéré comme un carré, on peut en *extraire la racine carrée*, c'est-à-dire un nombre qui, multiplié par lui-même, redonnerait le nombre proposé. Celui-ci doit donc contenir le carré des dizaines de la racine, le double produit des dizaines par les unités, et le carré des unités de la même racine. C'est le principe qui sert de fondement à l'extraction des racines carrées.

Soit proposé d'extraire la racine carrée de 1369 . Le carré des dizaines de la racine ne pouvant donner que des centaines, 13 doit contenir le carré du chiffre des dizaines, qui est 3 , puisque le carré de 3 est 9 et que le carré de 4 serait 16 . Retranchant 9 de 13 , il reste 4 centaines, qui, avec 69 , font 469 . Ce dernier nombre doit donc contenir le double produit des dizaines par les unités et le carré des unités. Le double des dizaines étant 6 dizaines, on voit que le chiffre des unités doit être 7, puisque 7 fois 6 dizaines feront 420 et que le carré de 7 est 49 : la somme de ces nombres étant 469, précisément comme le reste en question, la racine cherchée sera donc 37, ce qu'il est aisé de vérifier en formant son carré.

Soit proposé, pour second exemple, à extraire la racine carrée de 141376. Le carré du chiffre des dizaines de la racine devant être contenu dans 1413, il s'agira d'abord d'extraire la racine de ce nombre, ce qui est le cas précédemment examiné. On trouvera 37 pour cette dernière racine, avec un reste de 44 centaines qui, ajoutés à 76, feront 4476. Or ce dernier nombre doit contenir le double produit des dizaines 37 par les unités et le carré des unités; en sorte qu'on retombe encore sur le premier cas.

Sans aller plus loin, on voit la marche à suivre dans l'extraction de la racine carrée d'un nombre aussi grand que l'on voudra. On remarquera en même temps que chaque opération successive entame deux chiffres du nombre proposé, et que chacune de ces tranches de deux chiffres amène un chiffre à la racine.

Comme le carré d'une fraction se forme en carrant chacun de ses termes, pour extraire la racine d'une fraction il faudra extraire les racines de son numérateur et de son dénominateur. On abrége cette opération en multipliant d'abord les deux termes de la fraction par le dénominateur, ce qui rend ce dernier un carré parfait dont la racine est connue d'avance. Ainsi, au lieu de traiter la fraction $\frac{3}{5}$, on opérera sur $\frac{15}{25}$.

Pour extraire la racine carrée des fractions décimales, il faut mettre celles-ci sous forme de fractions ordinaires, et, s'il le faut, ajouter un zéro à la droite de ses deux termes pour que le dénominateur ait un nombre pair de zéros et soit un carré parfait. Par exemple, la fraction 0,437 deviendra $\frac{437}{1000}$, puis $\frac{4370}{10000}$. La racine du dénominateur étant exactement 100, il ne restera plus qu'à chercher celle du numérateur 4370.

Il résulte de là que, pour avoir des décimales à la racine d'un nombre, il faut d'abord mettre ce nombre sous la forme d'une fraction dont le dénominateur ait deux fois plus de zéros qu'on ne veut de chiffres décimaux à la racine. Pour avoir la racine de 55 jusqu'aux millièmes, on mettra ce nombre sous la forme $\frac{55000000}{1000000}$; car la racine du numérateur étant obtenue, on séparera sur sa droite trois décimales, puisque la racine du dénominateur (ou diviseur) est 1000.

VIII.

1. RAPPORTS ET PROPORTIONS.— 2. PROPRIÉTÉS FONDAMENTALES DES PROPORTIONS. — 3. DES CHANGEMENTS QU'ON PEUT FAIRE DANS L'ORDRE DES TERMES D'UNE PROPORTION SANS QU'IL CESSE D'Y AVOIR PROPORTION.

1. Rapports et proportions.

Le *rapport* de deux nombres est le quotient de l'un par l'autre. Ainsi le rapport de 12 à 4 est le quotient 3. Celui de 3 à 5 ne pourrait s'exprimer que par la fraction $\frac{3}{5}$, qui indique en effet le quotient de 3 par 5. Aussi tout rapport peut-il être mis sous la forme d'une fraction. Le premier nombre ou *terme* du rapport, qui devient le numérateur de la fraction, se nomme *antécédent*; et le second nombre ou terme, qui devient le dénominateur de la fraction, est le *conséquent*. Le rapport de 3 à 5 s'écrit

$$3 : 5, \quad \text{ou} \quad \frac{3}{5},$$

et se lit 3 *est à* 5, ou 3 *divisé par* 5.

Une *proportion* est l'égalité de deux rapports ou fractions. Ainsi le rapport de 3 à 5 et celui de 6 à 10 étant le même, on exprime cette égalité par

$$3 : 5 :: 6 : 10, \quad \text{ou} \quad \frac{3}{5} = \frac{6}{10},$$

et la proportion qui en résulte se lit : 3 *est à* 5 *comme* 6 *est à* 10. Toute proportion contient ainsi deux antécédents (ici 3 et 6) et deux conséquents (ici 5 et 10).

2. Propriétés fondamentales des proportions.

Le premier et le dernier terme d'une proportion s'appellent les *extrêmes*; le second et le troisième, les *moyens*. Or, on démontre de la manière suivante que le produit des extrêmes est toujours égal au produit des moyens. Soit, en effet, la proportion 3 : 5 :: 6 : 10, mise sous la forme de fraction

$$\frac{3}{5} = \frac{6}{10}.$$

On réduira ces deux fractions au même dénominateur, on supprimera ce commun dénominateur, sans troubler l'égalité ci-dessus, et il restera $3 \times 10 = 6 \times 5$; ce qu'il fallait démontrer.

Réciproquement, il y a proportion quand le produit des extrêmes est égal au produit des moyens. Pour le démontrer, on divise par

5/40 chaque membre de l'égalité 3/10=6/5, on réduit les fractions qui en résultent, et il vient

$$\frac{3}{5} = \frac{6}{10}, \text{ ou } 3 : 5 :: 6 : 40.$$

3. Des changements qu'on peut faire dans l'ordre des termes d'une proportion, sans qu'il cesse d'y avoir proportion.

Pourvu que le produit des moyens demeure égal au produit des extrêmes, il y a toujours proportion; tellement que les quatre termes d'une proportion peuvent offrir les huit arrangements suivants, en désignant ces termes par a, b, c, d :

$$a : b :: c : d \qquad c : d :: a : b$$
$$a : c :: b : d \qquad c : a :: d : b$$
$$b : a :: d : c \qquad d : c :: b : a$$
$$b : d :: a : c \qquad d : b :: c : a$$

IX.

1. DÉMONTRER QU'UNE PROPORTION ÉTANT DONNÉE, IL Y AURA ENCORE PROPORTION, SI L'ON AUGMENTE CHAQUE ANTÉCÉDENT DE SON CONSÉQUENT; — 2. QUE LA SOMME DES ANTÉCÉDENTS EST A LA SOMME DES CONSÉQUENTS COMME UN ANTÉCÉDENT EST A SON CONSÉQUENT; — 3. QUE SI L'ON MULTIPLIE DEUX PROPORTIONS TERME A TERME, LES QUATRE PRODUITS FERONT ENTRE EUX UNE PROPORTION.

1. Démontrer qu'une proportion étant donnée, il y aura encore proportion, si l'on augmente chaque antécédent de son conséquent.

La proportion générale $a : b :: c : d$, étant mise sous forme de fractions, on pourra ajouter l'unité de part et d'autre, d'où

$$\frac{a}{b} + 1 = \frac{c}{d} + 1,$$

puis réduisant l'unité en une fraction de même dénominateur, et ajoutant,

$$\frac{a+b}{b} = \frac{c+d}{d}, \text{ ou } a+b : b :: c+d : d,$$

ce qui signifie qu'il y a encore proportion en ajoutant chaque conséquent à son antécédent. On démontre de même que la proportion subsiste, en ajoutant chaque antécédent à son conséquent.

2. La somme des antécédents est à la somme des conséquents, comme un antécédent est à son conséquent.

En changeant les moyens de place dans la proportion $a : b :: c : d$, on aura $a : c :: b : d$, d'où, en vertu de la proportion précédente,

$$a + c : c :: b + d : d$$

ou bien

$$a + c : b + d :: c : d,$$

c'est-à-dire que la somme des antécédents est à la somme des conséquents, comme un antécédent est à son conséquent.

3. Si l'on multiplie deux proportions terme à terme, les quatre produits feront entre eux une proportion.

Ayant les deux proportions générales

$$a : b :: c : d \quad \text{et} \quad a' : b' :: c' : d',$$

on les mettra sous forme de fractions, que l'on multipliera terme à terme, d'où

$$\frac{aa'}{bb'} = \frac{cc'}{dd'} \quad \text{ou} \quad aa' : bb' :: cc' : dd'$$

en exprimant le produit de deux facteurs par leur juxtaposition. De là il résulte que les produits, terme à terme, de deux proportions, sont aussi en proportion.

Quand les deux proportions sont les mêmes, le résultat précédent devient

$$aa : bb :: cc : dd \quad \text{ou} \quad a^2 : b^2 :: c^2 : d^2,$$

le chiffre ou *exposant* 2 indiquant que la lettre qui le porte est deux fois facteur. De là il résulte que les carrés des termes d'une proportion sont aussi en proportion.

Il en est de même de toute autre puissance, ce qu'on prouverait en multipliant la proportion primitive par elle-même autant de fois que l'on voudrait.

Réciproquement, les racines d'un ordre quelconque des termes d'une proportion sont aussi en proportion, puisqu'en multipliant par elles-mêmes ces racines supposées en *proportion*, on reproduirait la proportion donnée.

X.

1. RÈGLE DE TROIS. — 2. QUESTIONS LES PLUS SIMPLES QUI SE RÉSOLVENT PAR CETTE RÈGLE. — 3. PROPORTION CONTINUE. — 4. QU'ENTEND-ON PAR MOYENNES PROPORTIONNELLES ET PAR MOYENNES ARITHMÉTIQUES?

1. Règle de trois.

On a vu la manière de trouver le quatrième terme d'une proportion dont on connaît les trois autres termes. Si le terme inconnu est un extrême, on l'obtiendra en formant le produit des moyens, et divisant par l'extrême connu; et s'il s'agit de retrouver un des moyens, on divise par l'autre moyen le produit des extrêmes : c'est là ce qui constitue la *règle de trois*, ainsi nommée parce qu'on retrouve un nombre à l'aide de trois autres nombres donnés par la question.

2. Questions les plus simples qui se résolvent par cette règle.

Toute question qui conduit à la règle de trois renferme deux espèces de choses, lesquelles croissent ou décroissent dans le même rapport. Exemple : *si 12 mètres d'étoffe ont coûté 69 francs, que coûteront 16 mètres de la même étoffe?* Ici les deux espèces de choses sont des *mètres* et des *francs*; plus il y aura de mètres et plus ils vaudront de francs, en sorte qu'il y a égalité dans les rapports des mètres et des francs. En désignant par x le nombre inconnu, on aura donc :

$$\frac{x}{69} = \frac{16}{12}.$$

Le premier rapport est celui des francs, et le second celui des mètres; de plus, x et 16, qui se correspondent, sont les numérateurs ou les antécédents; 69 et 12, qui dépendent l'un de l'autre, sont les dénominateurs ou les conséquents, en sorte que les rapports sont *directs*.

D'autres fois, les deux choses forment des rapports *inverses*. Par exemple : *si 12 ouvriers ont fait un travail en 69 jours, combien de jours emploieront 15 ouvriers à faire le même travail?* Plus il y aura d'ouvriers, et moins il faudra de jours. Or, 12 ouvriers travaillant 69 jours équivaut à 12 fois 69 journées d'un seul ouvrier; pareillement, 15 ouvriers travaillant x jours équivaut à 15 fois x journées. Égalant ces deux nombres de journées, on aura $15 \times x = 12 \times 69$, d'où $\frac{x}{69} = \frac{12}{15}$. Le premier rapport est celui des jours, et le second celui des ouvriers, mais ces deux rapports sont renversés l'un relativement à l'autre, tellement que les 12 ouvriers qui correspondent aux 69 jours, forment un numérateur ou antécédent, et un dénominateur ou conséquent, et non pas deux termes de même dénomination.

Pour le troisième cas, il arrive que la question renferme plus de deux espèces de choses, formant autant de rapports deux à deux. Ainsi, dans la question suivante : *24 ouvriers ont creusé en 9 jours et 12 heures par jour, un fossé de 120 mètres de long sur 3 mètres de large et 2 mètres de profondeur : combien de jours emploieront 36 ouvriers, travaillant 10 heures par jour, pour creuser un fossé de 100 mètres de long, sur 2 mètres de large et 1,5 de profondeur ?* il y a six espèces de nombres, savoir : des *ouvriers*, des *jours*, des *heures*, des *longueurs*, des *largeurs* et des *profondeurs*. En désignant par x le nombre de jours cherché, on voit que 24 ouvriers, pendant 9 jours et 12 heures par jour, revient à $24 \times 9 \times 12$ heures de travail ; que 36 ouvriers, pendant x jours et 10 heures par jour, revient à $36 \times x \times 10$ heures de travail ; que 120 mètres sur 3 et 2 représente $120 \times 3 \times 2$ mètres cubes ; qu'enfin 100 mètres sur 2 et 1,5 représente $100 \times 2 \times 1,5$ mètres cubes. Ainsi la question, de complexe qu'elle était, est devenue simple, et se trouve résolue par l'égalité des deux rapports

$$\frac{36 \times x \times 10}{24 \times 9 \times 12} = \frac{100 \times 2 \times 1,5}{120 \times 3 \times 2},$$

le premier rapport étant celui des heures de travail, le second celui des mètres cubes, et ces deux rapports étant directs, on tire de là

$$\frac{x}{9} = \frac{24}{36} \times \frac{12}{10} \times \frac{100}{120} \times \frac{2}{3} \times \frac{4,5}{2},$$

ce qui montre que le rapport des jours est égal au produit de tous les autres rapports, pris directement ou inversement, suivant que les jours sont en rapport direct ou en rapport inverse avec les nombres constituant ces divers rapports.

3. Proportion continue.

Une *proportion continue* est celle dont les deux moyens sont égaux. Exemple : 3:6::6:12, proportion que l'on peut écrire : 3:6:12. Alors le nombre 6 est dit *moyen proportionnel* entre les nombres 3 et 12.

La propriété que le produit des moyens est égal à celui des extrêmes, s'exprime ici en disant que le carré du moyen est égal au produit des extrêmes ; en sorte que la racine carrée de ce produit redonne ce moyen proportionnel.

4. Qu'entend-on par moyennes proportionnelles et par moyennes arithmétiques ?

La proportion continue $3 : 6 :: 6 : 12$, peut s'écrire de la manière suivante :

$$3 : 6 : 12,$$

en n'écrivant qu'une fois la moyenne proportionnelle 6. On voit ainsi qu'en multipliant le premier terme 3 par 2, on produit le second terme 6 ; qu'en multipliant celui-ci par 2, on produit le troisième 12 ; qu'en multipliant ce dernier par 2, on produirait un quatrième terme 24 ; puis un cinquième terme 48 ; puis un sixième 96, et ainsi de suite, multipliant toujours par 2 l'un des termes pour former le suivant. Si l'on s'arrête au sixième, on aura l'expression suivante :

$$3 : 6 : 12 : 24 : 48 : 96$$

où 3 et 96 forment les deux *extrêmes*, 6, 12, 24 et 48 les quatre *moyens*, ou, ce qu'on appelle quatre moyennes proportionnelles entre 3 et 96. Si l'on voulait *insérer* plus de moyennes proportionnelles entre 3 et 96, le *rapport* devrait être plus petit que 2 ; et il serait plus grand, si l'on voulait insérer moins de ces moyennes proportionnelles.

Si, au lieu de procéder par multiplication, on procédait par addition, comme par exemple :

$$3 . 5 . 7 . 9 . 11 . 13,$$

ajoutant 2 au premier terme 3, pour former le second terme 5 ; puis 2 à 5, pour former le troisième terme 7 ; puis 2 à 7, pour le quatrième terme 9, et ainsi de suite, on obtiendrait ce qu'on appelle des *moyennes arithmétiques*, 5, 7, 9 et 11, entre les deux extrêmes 3 et 13.

GÉOMÉTRIE.

XI.

1. PREMIÈRES NOTIONS SUR LA LIGNE DROITE, LE PLAN, LE CERCLE, L'ANGLE, ETC. — 2. CAS D'ÉGALITÉ DE DEUX TRIANGLES. — LIGNES PERPENDICULAIRES ET OBLIQUES. — PROPRIÉTÉ DES PARALLÈLES.

1. **Premières notions sur la ligne droite, le plan, le cercle, l'angle, etc.**

La géométrie s'occupe de la mesure et des propriétés de l'*étendue*, qui est la portion d'espace occupée par les corps.

Tout corps a trois dimensions, *longueur*, *largeur* et *épaisseur*. Sa limite est une *surface*, qui n'a que deux dimensions, longueur et lar-

geur. La limite d'une surface est une *ligne* qui n'a que la longueur pour dimension. Enfin les limites d'une ligne sont des *points*, qui n'ont plus aucune dimension.

La *ligne droite* est le plus court chemin d'un point à un autre. Toute ligne qui n'est ni droite ni composée de lignes droites, est une *ligne courbe*.

Le *plan* est une surface sur laquelle on peut appliquer exactement une ligne droite dans tous les sens. Toute surface qui n'est ni plane ni formée de surfaces planes, est une *surface courbe*.

L'*angle* est formé par deux droites qui, partant d'un même point, vont dans deux directions différentes. Le point de rencontre des deux droites est le *sommet* de l'angle, et ces droites en forment les *côtés*. Ceux-ci peuvent être prolongés indéfiniment sans changer l'ouverture ou la grandeur de l'angle. On considère aussi l'angle comme la portion indéfinie du plan comprise entre les côtés de cet angle.

2. Cas d'égalité de deux triangles. — Lignes perpendiculaires et obliques. — Propriété des parallèles.

Les angles ACD , BCD (figure 1), formés par la droite CD du même côté d'une autre droite AB , sont dits *angles adjacents*. Le plus grand des deux est un *angle obtus*, et le plus petit un *angle aigu*. Lorsqu'ils sont égaux, ce sont des *angles droits*, et CD est dite *perpendiculaire* à AB .

Les deux angles adjacents ACD , BCD *valent ensemble deux angles droits;* ce que l'on voit en élevant CE perpendiculairement sur AB .

Donc tous les angles formés autour du point C et du même côté de AB valent ensemble deux angles droits; et quatre angles droits, si ces angles sont formés de part et d'autre de AB .

Les angles A *et* C *(fig. 2), formés par l'entre-croisement de deux droites, et opposés au sommet, sont égaux entre eux,* puisqu'il faut ajouter à chacun le même angle B pour valoir deux angles droits.

On nomme *triangle* l'espace plan ABC (fig. 3) compris entre trois droites qui se rencontrent deux à deux. Un triangle a toujours trois angles A , B , C , et trois *côtés*, AB , AC , BC .

Étant donnés un angle D *(fig. 3) et les deux côtés* M *et* N *de cet angle, on ne peut construire qu'un triangle.* Car après avoir placé l'angle D en A , et avoir pris AB = M et AC = N , il ne reste plus qu'à joindre les points B et C par une droite, ce qui ne peut se faire que d'une seule manière. Donc les triangles qui ont un angle égal, compris entre deux côtés égaux chacun à chacun, sont nécessairement égaux entre eux.

Étant donnés un côté M *(fig. 4) et les deux angles adjacents* D *et* E, *on ne peut former qu'un triangle.* Car après avoir pris AB = M, et formé en A et B les angles D et E, il suffit de prolonger les côtés AB, BC jusqu'à leur rencontre en C, rencontre qui est unique, puisque deux droites ne peuvent avoir deux points communs sans se confondre. Donc les triangles qui ont un côté égal, adjacent à deux angles égaux chacun à chacun, sont égaux entre eux.

De ce que la ligne droite est le plus court chemin d'un point à un autre il suit que *l'un des côtés d'un triangle est plus petit que la somme des deux autres.*

Il suit encore de là que *la somme des droites* AD, BD (fig. 5), *est moindre que la somme des droites* AC, BC, *qui, partant des mêmes points* A *et* B, *enveloppent les premières.* En effet, ayant mené EF par le point D, on voit que le contour ADB est moindre que le contour AEFB, et à plus forte raison moindre que le contour ACB.

À mesure que l'angle ABC *(fig. 6) augmente, les côtés* AB, BC *restant invariables, le côté* AC *va en augmentant.* En effet, soit BC' une autre position de BC. D'après ce qui vient d'être dit, le contour ACB' sera plus grand que le contour ACB, et par conséquent AC' plus grand que AC, puisque BC et BC' sont égaux.

Soit BC'' une autre position de BC. Dans ce cas il est évident que AC'' est plus grand que AC.

Soit BC''' une nouvelle position de BC. On aura AO+OC plus grand que AC, et BO+OC''' plus grand que BC''', d'où, en ajoutant AO+OC+BO+OC''' plus grand que AC+BC''', ou en simplifiant AC'''+BC plus grand que AC+BC''', et enfin AC''' plus grand que AC, puisque BC et BC''' sont égaux.

Donc dans tous les cas possibles, le côté opposé à l'angle dont les deux côtés sont invariables, grandit avec cet angle.

Ceci met en état de démontrer *l'égalité de deux triangles* ABC, A'B'C' (fig. 7), *dont les trois côtés sont égaux chacun à chacun.* En effet l'angle A, par exemple, doit être égal à l'angle A' qui lui correspond; car si le premier était plus grand ou plus petit que le second, le côté opposé BC serait plus grand ou plus petit que le côté opposé B'C'. On retombe alors sur les cas précédemment examinés de l'égalité des triangles.

Si deux côtés AC, BC *(fig. 8) d'un triangle sont égaux, auquel cas le triangle est dit isoscèle, les angles* A *et* B, *qui leur sont opposés, seront aussi égaux entre eux.* Car si l'on joint C avec le milieu D de AB, les triangles ACD, BCD seront égaux comme ayant les trois côtés égaux chacun à chacun; et, par suite, les angles A et B seront égaux. On démontre aisément la réciproque; car si les angles A et B étant égaux, il fallait réduire le côté AC à AC' pour le rendre égal à BC, comme alors l'angle ABC' serait égal à l'angle A, il s'ensuivrait que les angles ABC et ABC' seraient égaux, ce qui est absurde.

Si le côté BC *(fig. 9) est plus grand que le côté* AC, *l'angle* A, *opposé au premier, sera plus grand que l'angle* B *opposé au second.* En effet, l'angle A ne peut être ni égal à B, auquel cas les côtés opposés seraient égaux, ni plus petit que B, auquel cas le côté BC serait moindre que AC; donc il est plus grand. La réciproque est également vraie, et si A est plus grand que B, le côté BC sera plus grand que AC, vu qu'il ne pourrait être ni égal, ni plus petit, puisque l'angle A serait alors ou égal à B, ou plus petit.

D'un point C *(fig. 10), pris sur la droite* AB, *on ne peut élever qu'une perpendiculaire* CD *à cette droite;* car il n'y a qu'une manière de rendre les angles ACD et ACD égaux entre eux.

Si d'un même point D *(fig. 11) de la perpendiculaire* CD *sur* AB, *on mène deux obliques* AD, BD *à deux points* A *et* B *de* AB, *équidistants du pied* C *de la perpendiculaire, ces obliques seront égales entre elles;* et cela à cause de l'égalité des triangles ACD, BCD.

L'oblique DE, qui s'écarte plus de la perpendiculaire que DA, est plus grande que celle-ci. Car pliant la figure suivant AB, DCF serait en ligne droite, puis AD = AF, ED = EF; et comme le chemin DEF est plus grand que DAF, la moitié DE du premier serait plus grande que la moitié DA du second.

La perpendiculaire CD, élevée sur le milieu de AB, passe donc par tous les points, tels que D, également distants des extrémités A et B; tout autre point placé en dehors de la perpendiculaire étant inégalement éloigné de A et B.

Deux droites sont dites *parallèles* lorsque, étant situées dans le même plan, elles ne peuvent se rencontrer, à quelque distance qu'on les prolonge.

Ainsi deux droites AB , CD (fig. 42), perpendiculaires à la même droite AC, sont parallèles entre elles ; car si elles se rencontraient, de leur point d'intersection on pourrait abaisser deux perpendiculaires sur la même droite, ce qui est impossible.

1° Si par le point O , milieu de AC , on mène une droite EF , oblique aux parallèles AB , CD , et dite *sécante*, on formera les triangles AOE , COF égaux entre eux, puisqu'ils ont un côté égal, savoir AO , CO , adjacent à deux angles égaux chacun à chacun, savoir angle AOE , COF comme opposés par le sommet, et angle OAE , OCF comme droits ; donc *les angles* AEO *et* CFO , *que l'on nomme alternes-internes, sont égaux entre eux.*

2° De ce que les angles alternes-internes, comme *b* et *h* (fig. 42), sont égaux entre eux, il s'ensuit que *les angles correspondants, comme b et f , sont aussi égaux entre eux,* puisqu'au lieu de *h* , on peut prendre son opposé par le sommet *f* .

3° Il suit encore de là que *les angles alternes-externes, comme g et l , sont égaux entre eux* puisqu'ils sont les opposés par le sommet des angles alternes-internes *b* et *h* .

4° Puis on trouve que *les angles internes du même côté de la sécante, tels que b et e , valent ensemble deux angles droits,* puisque *a* et *b* formant deux droits comme adjacents, on peut remplacer *a* par l'angle correspondant *e*.

5° Enfin, *les angles externes du même côté de la sécante, tels que a et f , valent deux droits;* puisque *a* et *b* formant deux droits comme adjacents, on peut remplacer *b* par l'angle correspondant *f* .

Telles sont les cinq propositions principales de la théorie des parallèles. Il est aisé de voir que l'une quelconque d'entre elles entraîne nécessairement les quatre autres. Et réciproquement, si ces propositions ont lieu, les droites coupées par la sécante sont parallèles entre elles ; car si l'on prend le point O (fig. 42) pour le milieu de EF, et qu'on abaisse de ce point OA perpendiculairement sur AB , son prolongement OC sera perpendiculaire sur CD . En effet, les triangles OAE , OCF seront égaux comme ayant le côté OE égal à OF par construction, et adjacent à deux angles égaux chacun à chacun, savoir, angle $AOE=COF$ comme opposés par le sommet, et $OEA=OFC$ par hypothèse.

Comme conséquence de ce qui précède, *deux angles* A *et* B (fig. 14) *qui ont les côtés parallèles chacun à chacun et dirigés dans le même sens, sont égaux entre eux;* car A et B auront le même angle C pour correspondant.

Si AB' (fig. 15) *est perpendiculaire à* AB *, et* AC' *à* AC *, l'angle* B'AC' *sera égal à l'angle* BAC *,* puisqu'il faudrait ajouter à chacun le même angle BAC' ou bien retrancher le même angle BAC' (fig. 16) pour faire un angle droit. On peut ensuite déplacer l'un des angles, en conservant le parallélisme de ses côtés, sans altérer l'égalité des deux angles.

Les portions AB *,* CD *(fig. 17) de deux parallèles, comprises entre deux autres parallèles* AC *,* BD *, sont égales;* car menant BC, les triangles ABC, BCD sont égaux comme ayant BC commun, adjacent à des angles alternes-internes. Donc $AB=CD$, et pareillement $AC=DB$. Si les deux systèmes de parallèles étaient perpendiculaires l'un à l'autre, les portions des premières comprises entre les secondes exprimeraient l'écartement de celles-ci, écartement qui serait ainsi le même partout.

XII.

THÉORÈMES SUR LA SOMME DES ANGLES D'UN TRIANGLE ET D'UN POLYGONE CONVEXE. — PROPRIÉTÉS DES PARALLÉLOGRAMMES.

Les trois angles de tout triangle ABC *(fig. 18) valent ensemble deux angles droits.* Pour le prouver, par le sommet de l'un des angles C, menons DE parallèle au côté opposé; on aura les trois angles des triangles rangés autour de C et du même côté de DE; car les angles ACD et BAC sont égaux comme alternes-internes, de même que les angles BCE et ABC. Donc, etc.

Tout polygone ou figure plane, terminé par des lignes droites, peut être partagé en autant de triangles qu'il a de côtés, moins deux, par des droites dites diagonales menées d'un de ses angles à tous les autres. Car les deux triangles extrêmes ABC, AFE (fig. 19) contiennent chacun deux des côtés du polygone, tandis que les autres triangles n'en contiennent qu'un.

Or, si l'on fait attention que les angles du polygone font la même somme que ceux des triangles dans lesquels on l'a décomposé, on tirera cette conséquence que la somme des angles du polygone est égale à autant de fois deux angles droits qu'il a de côtés moins deux.

Si l'on prolonge dans un sens uniforme tous les côtés d'un polygone ABCDEF (fig. 20), la somme des angles, tant intérieurs qu'extérieurs, vaudra autant de fois deux angles droits qu'il y a de côtés, puisqu'un angle intérieur est toujours adjacent à un angle extérieur. *La somme des angles extérieurs vaudra donc quatre angles droits.*

On nomme *quadrilatère* tout polygone de quatre côtés. Il se nomme *parallélogramme*, si les côtés sont parallèles deux à deux; *losange*, si en outre les quatre côtés sont égaux; *rectangle*, si les angles sont droits; *carré*, si les angles sont droits et les côtés égaux; enfin, *trapèze*, si deux côtés seulement sont parallèles.

On a vu que les parallèles entre parallèles sont égales; en sorte que les côtés opposés d'un parallélogramme sont égaux entre eux; et, de plus, que chacune des deux diagonales qu'on y peut mener coupe la figure en deux parties égales.

Maintenant on démontre que les *deux diagonales* AC, BD (fig. 21) *se coupent mutuellement, chacune en deux parties égales*, par la considération de l'égalité des triangles AOD et BOC, AOB et COD, égalité résultant d'un côté égal adjacent à des angles alternes-internes chacun à chacun.

Dans le cas particulier du losange ABCD (fig. 22), les diagonales AC, BD se coupent de plus à angles droits. Car alors les quatre triangles cités tout à l'heure sont égaux entre eux, ce qui emporte l'égalité des quatre angles formés autour du point O.

XIII.

1. PROPRIÉTÉS PRINCIPALES DES CORDES, DES SÉCANTES ET DES TANGENTES AU CERCLE. — DE L'INTERSECTION ET DU CONTACT DES CERCLES. — 2. MESURE DES ANGLES PAR LES ARCS DE CERCLE COMPRIS ENTRE LEURS CÔTÉS.

1. Propriétés principales des cordes, des sécantes et des tangentes au cercle. — De l'intersection et du contact des cercles.

Le *cercle* est la portion de surface plane bornée par une ligne courbe nommée *circonférence*, dont tous les points sont à égale distance d'un point intérieur ou *centre*.

Toute droite menée du centre à la circonférence est un *rayon*, et deux rayons en ligne droite forment un *diamètre*. D'après la définition, tous les rayons sont égaux entre eux, et par suite tous les diamètres.

Une portion quelconque de la circonférence est un *arc*. La droite qui joint les deux extrémités d'un arc est une *corde*; on dit de la corde qu'elle *sous-tend* son arc, et de l'arc, qu'il est *sous-tendu* par la corde.

La portion du cercle comprise entre un arc et sa corde est ce qu'on nomme un *segment*. Quant au *secteur*, c'est la portion du cercle comprise entre un arc et les deux rayons menés aux extrémités de cet arc.

Tout diamètre partage la circonférence et le cercle en parties égales. Car, pliant le cercle suivant ce diamètre, si quelques points d'une des portions de circonférence ne tombaient pas sur l'autre portion de la circonférence, on en conclurait une inégalité dans la distance de ces points au centre du cercle.

Un diamètre AB (fig. 23) *est nécessairement plus grand que toute corde telle que* AC *qui ne passe pas par le centre.* En effet, joignons OC, et nous aurons AC, plus petit que les deux autres côtés AO et OC du triangle AOC, c'est-à-dire plus petit que AO plus OB, ou que AB.

Dans le même cercle ou dans des cercles égaux, des arcs égaux AMB *et* CND (fig. 24) *sont sous-tendus par des cordes égales, et réciproquement.* Pour le prouver il suffit de transporter l'arc CD sur son égal AB, puisque alors les cordes ou droites AB et CD, ayant mêmes extrémités, seront nécessairement égales. Pour démontrer la réciproque, on forme les triangles AOB, CPD, qui seront égaux comme ayant les trois côtés égaux, savoir, une corde égale et deux rayons égaux. Donc en transportant l'un des cercles sur l'autre, et mettant CP sur AO, les triangles en question coïncideront, de même que les arcs AMB et CND.

Il est ensuite aisé de démontrer que le plus grand arc est sous-tendu par la plus grande corde, et réciproquement.

Le rayon OD (fig. 25), *mené perpendiculairement sur la corde* AB, *passe par le milieu* C *de cette corde, et par le milieu* D *de l'arc* ADB *sous-tendu.* En effet, les rayons OA, OB étant des obliques égales, doivent s'écarter également du pied C de la perpendiculaire, laquelle doit passer par tous les autres points, tels que D, également éloignés de A et de B. Donc les cordes AD et BD sont égales, et par suite les arcs sous-tendus par ces cordes. Il suit de là que le centre du cercle, le milieu de la corde et le milieu de l'arc sont en ligne droite.

Deux cordes AB, CD (fig. 26) *parallèles interceptent des arcs égaux* AC, BD. Pour le démontrer, on mène le rayon OE per—

perpendiculaire à l'une des cordes, qui le sera également sur l'autre. Donc arc AC = arc BE, arc CE = arc DE ; donc les différences sont égales, savoir, arc AC = arc BD.

Si la corde CD s'éloignait du centre du cercle jusqu'à ce que les points C et D vinssent à se confondre en E (fig. 27), la corde n'ayant plus qu'un point de commun avec la circonférence, serait une *tangente* au cercle, et le point E serait le point de *tangence* ou de *contact*, tout en restant le milieu de l'arc AEB.

Quand une droite coupe la circonférence en deux points, ou, ce qui revient au même, quand on prolonge de part et d'autre une corde, on a ce qu'on appelle une *sécante*.

On a vu, au numéro XIII, les propriétés principales des cordes, des tangentes et des sécantes.

Deux cercles situés sur le même plan sont susceptibles de cinq positions relatives. Ils peuvent être extérieurs l'un à l'autre (fig. 28), tangents extérieurement (fig. 29), sécants (fig. 30), tangents intérieurement (fig. 31), enfin intérieurs (fig. 32). Dans le premier cas, la distance des centres A et B est plus grande que la somme des deux rayons. Dans le second cas cette distance des centres est égale à la somme des rayons. Dans le troisième cas la distance des centres est moindre que la somme des rayons. Dans le quatrième cas, la distance des centres est égale à la différence des rayons. Enfin, dans le cinquième cas, la distance des centres est moindre que la différence des rayons.

Quand les cercles se touchent, soit extérieurement (fig. 29), soit intérieurement (fig. 31), ils ont même tangente CD perpendiculaire à la ligne AB des centres.

Quand les cercles s'entrecoupent en C et D (fig. 30), la corde commune CD se trouve aussi perpendiculaire à la ligne AB des centres ; car les deux rayons AC, AD étant des obliques égales, ainsi que les rayons BC et BD, la ligne des centres AB est nécessairement perpendiculaire à CD, et passe par le milieu E de cette corde.

2. Mesure des angles par les arcs de cercle compris entre leurs côtés.

On a vu que les côtés d'un angle peuvent être prolongés à l'infini, sans changer la *valeur* de l'angle. Ce n'est donc point par la grandeur de ces côtés, ni par l'espace indéfini qu'ils comprennent, que l'on pourrait mesurer un angle. On y arrive à l'aide des arcs compris entre les côtés de l'angle et tracés de son sommet comme centre.

On divise toute circonférence de cercle en 360 parties égales ou *degrés*, chaque degré en 60 parties égales ou *minutes*, et chaque minute en 60 parties égales ou *secondes*.

Donc si, dans un même cercle, on mène des rayons à chacun des points de division, soit des degrés, soit des minutes, soit des secondes, soit des fractions de seconde, ces rayons formeront entre eux des angles égaux, puisqu'ils pourront se superposer exactement : cela signifie qu'à des arcs égaux correspondent des angles égaux, et *vice versa*, en sorte que les arcs croissant proportionnellement aux angles, ceux-ci peuvent être *mesurés* par les arcs décrits de leurs sommets comme centre et avec des rayons égaux.

Si l'angle ABC (fig. 33) *avait son sommet* B *à la circonférence, il aurait pour mesure la moitié seulement de l'arc* AC *compris entre ses côtés.* On le voit en menant les diamètres EF et DG parallèles à BC et AB ; car alors on a arc AD = arc BG, arc CE = arc BF ; en sorte que arc FG = arc AD + arc CE, et comme arc FG = arc DE, il s'ensuit que l'arc DE, mesure de l'angle DOE ou ABC, est moitié de l'arc AC.

Il suit de là que tout angle ABC (fig. 34) *inscrit* dans un demi cercle (auquel cas les points A et C sont les extrémités d'un diamètre) est un angle droit, puisqu'il a pour mesure la moitié de la demi-circonférence ADC.

Si l'angle ABC (fig. 35) *avait son sommet entre la circonférence et le centre, il aurait pour mesure l'arc* AC *compris entre ses côtés, plus l'arc* DF *compris entre les côtés de son opposé par le sommet.* Car menant DE parallèle à AF, l'angle CDE sera l'égal de ABC, et aura pour mesure la moitié de l'arc CE, c'est-à-dire la moitié de CA plus la moitié de AE ou de DF.

Enfin, si l'angle ABC (fig. 36) *avait son sommet en dehors du cercle, sa mesure serait la moitié de l'arc* AC *moins la moitié de l'arc* DE. Menons DF parallèle à AB : l'angle CDF, ou son égal ABC, aura pour mesure la moitié de CF, c'est-à-dire la moitié de AC, moins la moitié de AF ou de DE.

La première et la dernière de ces trois propositions sont encore vraies quand l'un des côtés BC (fig. 37) et quand tous deux (fig. 38) deviennent tangents au cercle.

XIV.

PROBLÈMES ÉLÉMENTAIRES SUR LA LIGNE DROITE ET LE CERCLE. — MENER UNE DROITE PERPENDICULAIRE OU PARALLÈLE A UNE DROITE DONNÉE. — CONSTRUIRE UN TRIANGLE QUAND ON CONNAÎT TROIS DE SES PARTIES, POURVU QU'IL Y AIT UN CÔTÉ. — MENER PAR UN POINT DONNÉ UNE TANGENTE A UN CERCLE.

En un point C *de la droite* AB (fig. 39) *élever une perpendiculaire sur cette droite.* On prendra de part et d'autre de C deux points équidistants A et B ; puis de ceux-ci comme centres on décrira d'un même rayon deux arcs de cercle qui puissent se couper en D . La droite CD , menée par l'intersection D et par le point C donné, sera la perpendiculaire, puisque les obliques AD , BD seront égales et également éloignées du point C .

D'un point C (fig. 40) *extérieur à la droite* AB , *abaisser une perpendiculaire sur cette droite.* A cet effet, du point C comme centre, et avec un rayon suffisamment grand, on décrira un arc de cercle qui vienne couper AB en deux points A et B , desquels on décrira, d'un même rayon, deux arcs se coupant en D : la droite CD sera la perpendiculaire demandée.

S'il s'agissait de mener une perpendiculaire sur le milieu d'une droite AB (fig. 41) *donnée de longueur*, des extrémités A et B , et avec le même rayon, on décrirait des arcs se coupant en C et D : la droite CD serait la perpendiculaire.

Au point A *de la droite* AB (fig. 42), *faire un angle égal à* C . Des points A et C , on décrira deux arcs de même cercle DE et FG . On prendra l'arc ou la corde FG qu'on portera de D en E ; puis, joignant AE , l'angle BAE sera égal à l'angle C .

Par le point C (fig. 43) *mener une parallèle à la droite* AB . Conduisons une sécante CA , et formons en C l'angle DCE égal à son correspondant BAC , et CD sera la parallèle à AB .

Pour diviser en deux parties égales l'angle BAC (fig. 44), *ou l'arc* BC *qui le mesure*, il faut, des points B et C équidistants de A , décrire deux arcs de même cercle qui se coupent en D , et AD sera la droite bissectrice cherchée.

Étant donnés l'angle D (fig. 3) *et ses deux côtés* M *et* N , *décrire le triangle.* Formons l'angle A égal à D , prenons AB $=$ M et AC $=$ N , puis joignons BC .

Étant donnés le côté **M** *(fig. 4) et ses deux angles adjacents* **D**
et **E** *, construire le triangle.* Prenons **AB** égale à **M** ; faisons les
angles **A** et **B** respectivement égaux à **D** et **E** , et prolongeons **AC** et **BC** jusqu'à leur rencontre en **C** .

Étant donnés les trois côtés **M** , **N** , **P** *(fig. 7), construire le*
triangle. Des extrémités de **AB** égale à **M** , décrivons avec **N**
et **P** pour rayons, des arcs qui se coupent en **C** , et joignons
AC et **BC** .

Mener une tangente par le point **A** *(fig. 45) de la circonférence.*
Pour cela, il suffit de prolonger le rayon **CA** d'une quantité égale
AB , et d'élever la perpendiculaire **DE** sur le milieu de **BC** .

Par le point **A** *(fig. 46) extérieur au cercle, mener une tangente*
à la circonférence. Joignons le point **A** au centre **C** , et du point **O** ,
milieu de **AC** comme centre, décrivons une circonférence qui coupera la première en **B** et **D** : les droites **AB** et **AD** seront
deux tangentes, car les angles **ABC** et **ADC** sont droits comme
étant inscrits chacun dans un demi-cercle, et par suite **AB** et **AD**
sont perpendiculaires aux rayons **CB** et **CD** .

Construire sur **AB** *(fig. 47) un segment de cercle capable de l'angle*
aigu **C** . Formons l'angle **BAD** égal à **C** ; sur le milieu de **AB**
élevons la perpendiculaire **EO** , et sur **AD** la perpendiculaire **AO** :
le point **O** de rencontre de ces deux perpendiculaires sera le centre du cercle cherché, dont le rayon est **OA** ; alors tout angle inscrit dans le segment **AMB** sera égal à **C** . En effet, l'angle **BAD**
formé par une corde et une tangente, et qui est égal à **C** , a pour
mesure la moitié de l'arc **ANB** , et les angles inscrits dans **AMB**
ont la même mesure et sont égaux à l'angle **C** . Si l'angle donné
était obtus, comme **C'** , on formerait son égal **BAD'** , et le segment
capable de l'angle **C'** serait **ANB** .

XV.

LIGNES PROPORTIONNELLES. — CONDITIONS DE SIMILITUDE DES TRIANGLES, DES
POLYGONES QUELCONQUES. — DÉCOMPOSITION D'UN TRIANGLE RECTANGLE EN
DEUX TRIANGLES SEMBLABLES AU TRIANGLE DONNÉ. — CONSÉQUENCES QUI
EN RÉSULTENT.

Deux figures *égales* sont celles qui peuvent être superposées, et qui,
par conséquent, ont même forme et même étendue. Deux figures qui,

ayant la même étendue, n'ont pas la même forme et ne peuvent être superposées, sont dites figures *équivalentes*.

Deux figures sont *semblables* lorsque tous leurs angles sont égaux chacun à chacun, et leurs côtés *homologues* proportionnels. Les côtés homologues sont adjacents à deux angles égaux dans chacune des figures. La proportionnalité des côtés consiste en ce que si deux côtés homologues sont dans un certain rapport, comme de 3 à 5, tous les autres côtés homologues sont dans le même rapport.

La droite DE *(fig. 53), menée parallèlement à la base d'un triangle, divise les deux autres côtés* AB *et* BC *en parties proportionnelles*, de manière que l'on a la proportion BD : AD :: BE : CE . Supposons que BD et AD contiennent, l'une 5 et l'autre 3 parties égales BF , FG , GH , etc. ; par les points de division, menons les parallèles FI , GK , HL , etc. à la base du triangle ; et par leurs points de rencontre avec le côté BC , les parallèles IM , KN , etc. au premier côté AB ; on aura IM , KN , etc., égaux à FG , GH , etc., comme parallèles entre parallèles ; et puisque ces dernières parties sont égales entre elles, les premières seront aussi égales entre elles. De plus, les angles FBI , MIK , NKL , etc., sont égaux comme correspondants ; et les angles BFI , IMK , KNL , etc., sont égaux, comme ayant les côtés parallèles et dirigés dans le même sens. Par conséquent, les triangles BFI , IMK , KNL , etc. sont égaux entre eux ; ce qui entraîne l'égalité des parties BI , IK , KL , etc. Donc BE et CE se trouvent divisées, l'une en 5 et l'autre en 3 parties égales, comme BD et AD ; en sorte que la proportion énoncée ci-dessus se trouve établie. On a aussi les proportions

BA : BD :: BC : BE   et   AB : AD :: BC : CE .

Si, après avoir mené DE (fig. 54) parallèle à AC , on mène EF parallèle à AB , on aura les deux proportions

AB : BD :: BC : BE   et   AC : AF :: BC : BE ,

lesquelles, ayant un rapport commun, donneront les trois rapports égaux

AB : BD :: BC : BE :: AC : AF ou DE ,

ce qui signifie que les trois côtés des triangles ABC , DBE sont proportionnels.

Nous avons vu que la similitude des figures exige l'égalité des angles et la proportionnalité des côtés. Pour les triangles en particulier il y a similitude dans les trois cas suivants :

1° *Quand les triangles* ABC , DEF *(fig. 55) ont les côtés proportionnels*, savoir AB : DE :: BC : EF :: AC : DF . Prenons BG = DE , et menons GH parallèle à AC . Dès lors les triangles ABC et BGH seront semblables, comme ayant les angles égaux et les côtés proportionnels. Il ne reste plus qu'à prouver l'égalité des triangles DEF et BGH ; à cet effet, on a

$$\text{AB} : \text{BG} :: \text{BC} : \text{BH} \qquad \text{et} \qquad \text{AB} : \text{DE} :: \text{BC} : \text{EF} ,$$

d'où, à cause de l'égalité des trois premiers termes de ces deux proportions, BH = EF . On démontrerait de même que GH = DF , donc les triangles BGH , DEF sont égaux, comme ayant les trois côtés égaux chacun à chacun ; donc le second, comme le premier, est semblable à ABC .

2° *Quand les triangles ont les trois angles égaux chacun à chacun, et aussi quand ils ont deux angles égaux*, puisque alors le troisième angle est le même. Prenons BG = DE , BH = EF , et tirons GH . Les triangles BGH et DEF seront égaux, comme ayant un angle égal en B et E , compris entre deux côtés égaux. Mais l'angle EDF ou BGH étant égal à l'angle BAC par hypothèse, GH sera parallèle à AC , et dès lors il y aura proportionnalité entre les côtés des triangles, et similitude de ces triangles.

3° *Quand les triangles ont un angle égal* (B = E) , *compris entre deux côtés proportionnels* (AB : DE :: BC : EF) . On prendra de nouveau BG = DE , BH = EF , et l'on tirera GH . Les triangles BGH et DEF seront égaux, et GH sera parallèle à AC . Car si GH n'était pas parallèle à AC , mais bien une droite telle que GJ ou GJ' , on aurait les deux proportions

$$\text{AB} : \text{BG} :: \text{BC} : \text{BH} \qquad \text{et} \qquad \text{AB} : \text{BG} :: \text{BC} : \text{BJ ou BJ'} ,$$

dans lesquelles les trois premiers termes sont les mêmes ; ce qui donnerait BH = BJ ou BJ' , résultat absurde. Cela démontré, il résulte que le triangle BGD ou DEF est semblable au triangle ABC .

Les parties de deux cordes AB , CD *(fig. 56) qui se coupent dans un même cercle sont réciproquement proportionnelles*, en sorte que l'on a AO : CO :: DO : BO . Joignons BC , AD ; les triangles BOC , AOD seront semblables, comme ayant les trois angles égaux chacun à chacun. En effet, angle BOC = AOD , comme opposés par le sommet ; angle ABC = ADC , comme ayant chacun pour mesure la moitié du même arc AC ; angle BCD = BAD , par la même raison. Alors les côtés qui forment la proportion ci-dessus sont opposés à des angles égaux et sont proportionnels.

Deux sécantes AB, AC (fig. 57) *qui, partant d'un même point* A, *aboutissent à la partie concave d'un même cercle, sont réciproquement proportionnelles à leurs parties extérieures*, en sorte qu'on a AB : AC :: AE : AD. Joignons BE, CD ; les triangles ABE, ACD sont semblables, comme ayant l'angle A commun, l'angle B égal à l'angle C, lesquels ont chacun pour mesure la moitié du même arc DE. Alors les côtés qui forment la proportion ci-dessus sont opposés à des angles égaux et sont en proportion.

Si les deux points C et E se rapprochaient indéfiniment l'un de l'autre, de manière à se confondre en C (fig. 58), la sécante AC deviendrait tangente et se confondrait avec sa partie extérieure ; en sorte que la proportion précédente aurait encore lieu, et prendrait la forme AB : AC :: AC : AD ; c'est-à-dire que la tangente serait moyenne proportionnelle entre la sécante entière et sa partie extérieure.

On a vu que les trois angles d'un triangle valent deux angles droits, en sorte qu'un triangle ne peut avoir plus d'un angle droit, auquel cas on le nomme *triangle rectangle*. Le côté opposé à l'angle droit, et qui est le plus grand des trois, est ce qu'on appelle l'*hypoténuse*. Ainsi dans le triangle ABC (fig. 52), rectangle en C, le côté AB est l'hypoténuse. Si du sommet C de l'angle droit, on abaisse sur AB la perpendiculaire CD, le triangle ABC se trouve partagé en deux triangles ACD, BCD, rectangles en D, semblables entre eux et au triangle total ABC. En effet, l'angle A étant commun aux triangles ABC et ACD, il s'ensuit que ces triangles, ayant deux angles égaux chacun à chacun, ont aussi le troisième angle égal, et sont par conséquent semblables. Par la même raison, les triangles ABC et BCD sont semblables, puisqu'ils ont l'angle B commun. Donc les triangles ACD, BCD, semblables au même triangle ABC, sont semblables entre eux.

La similitude des triangles ACD et ABC, d'une part; et d'autre part la similitudes des triangles BCD et ABC donnent les proportions suivantes

$$AD : AC :: AC : AB ,$$
$$BD : BC :: BC : AB ,$$

c'est-à-dire que chaque côté de l'angle droit du triangle ABC est moyen proportionnel entre l'hypoténuse entière et sa portion adjacente.

Ensuite la similitude des triangles   ACD ,   BCD , donne

$$AD : CD :: CD : BD ,$$

c'est-à-dire que la perpendiculaire   CD   est moyenne proportionnelle
entre les deux portions de l'hypoténuse   AB .

XVI.

PROBLÈMES ÉLÉMENTAIRES SUR LES LIGNES PROPORTIONNELLES. — DIVISER UNE
DROITE EN PARTIES ÉGALES OU PROPORTIONNELLES A DES LIGNES DONNÉES.
— TROUVER UNE QUATRIÈME PROPORTIONNELLE A TROIS LIGNES DONNÉES,
— UNE MOYENNE PROPORTIONNELLE ENTRE DEUX LIGNES DONNÉES. — DI-
VISER UNE DROITE EN MOYENNE ET EXTRÊME RAISON.

Pour diviser une droite   AB   (fig. 59) *en parties égales*, il faut tirer
une droite quelconque   AC , sur laquelle on porte le même nombre
de parties égales et arbitraires ; joindre le dernier point de division   C   avec   B ; et, par chacun des autres points mener des parallèles à   BC , qui viendront couper   AB   en parties égales.

S'il s'agissait de *diviser une droite*   AB   (fig. 59) *en parties proportionnelles à des lignes données,* on porterait celles-ci, bout à bout,
le long de   AC , à partir du point   A ; puis on joindrait l'extrémité   C   de la dernière de ces lignes avec l'extrémité   B   de   AB ;
enfin, on mènerait, par chaque point de   AC   des parallèles à   CB ,
qui viendraient couper   AB   dans les conditions demandées.

Soient   M ,   N ,   P   (fig. 60) *trois droites de longueurs données ;
pour trouver le quatrième terme de la proportion dont elles formeraient
les trois premiers dans l'ordre énoncé ci-dessus,* il faut tirer d'un
même point   A   deux droites indéfinies AB ,   AC ; prendre
$AD = M$, $DB = N$, $AE = P$, joindre   DE , et par le point   B
lui mener la parallèle   BC . En effet, on aura

$$AD \text{ ou } M : BD \text{ ou } N :: AE \text{ ou } P : CE ,$$

CE   formant ainsi la quatrième proportionnelle demandée.

S'il s'agissait de trouver une moyenne proportionnelle aux droites
M *et* N (fig. 61), il faudrait prendre sur la même droite et bout à
bout $AB = M$, $BC = N$; décrire sur   AC   comme diamètre une
demi-circonférence ; et, par le point   B , élever sur   AC   la perpendiculaire   BD   jusqu'à la rencontre de cette demi-circonférence.
BD   sera la moyenne proportionnelle entre   AB   et   BC , ou   M
et   N , puisque l'angle   ADC   est droit.

Pour diviser une droite donnée AB (fig. 57 bis) *en moyenne et extrême raison*, par l'une de ses extrémités B , il faut mener la perpendiculaire BE égale à la moitié de AB ; puis, de E comme centre, décrire un cercle du rayon BE ; mener la sécante ADEF ; enfin, de A comme centre et avec le rayon AD , décrire l'arc DC , qui viendra couper AB en C , d telle manière que AC sera moyen proportionnel entre BC et AB .

En effet, la tangente AB étant moyenne proportionnelle entre la sécante entière AF et sa partie extérieure AD , on aura

$$AD : AB :: AB : AF ,$$

d'où
$$AB-AD : AD :: AF-AB : AB ,$$

ou
$$AB-AC : AC :: AF-DF : AB ,$$

ou
$$BC : AC :: AC : AB .$$

XVII.

1. MESURE DES AIRES. — FIGURES ÉQUIVALENTES. — MESURE DE L'AIRE DU RECTANGLE, DANS L'HYPOTHÈSE DE LA COMMENSURABILITÉ DES CÔTÉS. — MESURE DE L'AIRE DU PARALLÉLOGRAMME , DU TRIANGLE , DU TRAPÈZE , D'UN POLYGONE QUELCONQUE. — 2. PROPOSITION DU CARRÉ DE L'HYPOTÉNUSE. — DÉMONSTRATION. — CONSÉQUENCES ET APPLICATIONS. — 3. RAPPORT ENTRE LES AIRES DES POLYGONES SEMBLABLES.

1. Mesure des aires. — Figures équivalentes. — Mesure de l'aire du rectangle, dans l'hypothèse de la commensurabilité des côtés. — Mesure de l'aire du parallélogramme, du triangle, du trapèze, d'un polygone quelconque.

L'*aire* d'une surface est la portion d'étendue qu'elle embrasse indépendamment de la forme de son contour. Alors deux figures sont dites *équivalentes*, si leurs aires sont égales, et l'on réserve l'expression de *figure égales* à celles dont l'étendue et la forme sont égales, de manière à pouvoir être superposées en toutes leurs parties.

Soit un rectangle ABDC (fig. 48) dont la *base* AB contienne, par exemple, 10 parties égales, desquelles 5 sont contenues dans la *hauteur* AC . Si, par chaque point de division de la base, on mène des droites perpendiculaires à cette base, et pareillement sur la hauteur, par les points de division de celle-ci, le rectangle se trouvera partagé en carrés égaux entre eux, savoir, 5 rangées de 10 carrés, ou 10 rangées de 5 carrés, en tout 50 carrés, nombre qui exprime le produit de la base par la hauteur et représente l'étendue ou l'*aire* du rectangle.

Un parallélogramme tel que ABCD (fig. 49) *est équivalent au rectangle* ABEF , *de même base* AB *et de même hauteur* BE (la hauteur d'un parallélogramme étant une perpendiculaire menée entre la base et le côté opposé ou son prolongement). En effet, il est facile de voir que les triangles ADF et BCE sont égaux, et qu'il faut ajouter à ces triangles la même portion de surface ABED pour former, avec l'un le rectangle, avec l'autre le parallélogramme. Donc ce dernier a aussi pour mesure le produit de sa base par sa hauteur. Par conséquent, les parallélogrammes de même base et de même hauteur sont équivalents ; ceux de même base, étant entre eux comme leurs hauteurs ; et ceux de même hauteur, dans le rapport de leurs bases.

Un triangle ABC (fig. 50) *est la moitié du parallélogramme* ABDC *de même base* AB *et de même hauteur* CE (la hauteur du triangle étant la perpendiculaire abaissée du sommet sur la base ou sur son prolongement). En effet, CD étant parallèle à AB et BD à AC , les triangles ABC et BCD sont égaux. Par conséquent l'aire d'un triangle est donnée par la moitié du produit de sa base par sa hauteur ; ou, ce qui est la même chose, au produit de la base par la moitié de la hauteur ; ou enfin, au produit de la hauteur par la moitié de la base. D'où il résulte que tous les triangles de même base et de même hauteur sont équivalents ; que ceux de même base sont comme leurs hauteurs ; et ceux de même hauteur, comme leurs bases.

Quant au trapèze ABCD (fig. 51), si des milieux E et F de ses côtés obliques on mène les perpendiculaires GH et IK entre les côtés parallèles, prolongés s'il est nécessaire, on pourra remplacer le triangle AEG par son égal DEH , et le triangle BFI par son égal CFK , en sorte que le trapèze se trouvera remplacé par le rectangle GIKH . Mais le rectangle a pour mesure le produit de sa base GI ou EF par sa hauteur GH ; donc le trapèze aura la même mesure, savoir, le produit de EF menée à égale distance des côtés parallèles AB et CD (vu que GE = EH et FI = FK), par sa hauteur GH qui est la perpendiculaire menée entre ses deux côtés parallèles. Il est bon de remarquer que

$$2\,EF = GJ + HK ,$$

ou

$$2\,EF = AB + CD ,$$

en sorte que

$$EF = \frac{1}{2}(AB + CD) ,$$

c'est-à-dire que EF est la demi-somme des deux côtés parallèles.

Quant à *l'aire d'un polygone quelconque* ABCDEF (fig. 65), on peut l'évaluer, après avoir décomposé ce polygone en triangles, par les diagonales menées d'un de ses angles A aux différents angles C , D , E .

2. Proposition du carré de l'hypoténuse. — Démonstration. — Conséquences et applications.

Soit ABC (fig. 52) un triangle rectangle en C . On démontre de la manière suivante que *le carré* ABGE *formé sur l'hypoténuse* AB *est égal à la somme des deux carrés* ACHI *et* BCKL *formés sur les deux côtés de l'angle droit.* De C abaissons sur AB la perpendiculaire CD , prolongée en F ; joignons BH et CE . Les triangles ABH , ACE sont égaux , comme ayant un angle égal (BAH = CAE , formés du même angle BAC joint à l'angle droit) compris entre deux côtés égaux (AH = AC et AB = AE appartenant à des carrés). Mais le triangle ABH ayant même base AH et même hauteur AC que le carré ACHI est égal à la moitié de celui-ci; de même le triangle ACE ayant même base AE et même hauteur AD que le rectangle AEFD , est la moitié de ce rectangle. D'où il résulte que les triangles étant égaux , le carré ACHI est égal au rectangle AEFD . On démontrerait de même que le carré BCKL est égal au rectangle BDFG . En sorte que ces deux rectangles , qui composent le carré de l'hypoténuse, équivalent aux deux carrés formés sur les côtés de l'angle droit.

Ayant $$ACHI = AEFD$$

et $$BCKL = BDFG ,$$

on aura, en d'autres termes,

$$\overline{AC}^2 = AD \times AE = AD \times AB ,$$

et $$\overline{BC}^2 = BD \times BG = BD \times AB ,$$

c'est à dire $$AD : AC :: AC : AB$$

et $$BD : BC :: BC : AB ,$$

proportion qu'on exprime en disant que *chacun des côtés de l'angle droit est moyen proportionnel entre l'hypoténuse entière et le segment adjacent ;* proposition déjà démontrée plus haut.

Le triangle ABC étant partagé en deux autres triangles rectangles ACD et BCD, en aura

$$\overline{AC}^2 = \overline{CD}^2 + \overline{AD}^2 , \qquad \overline{BC}^2 = \overline{CD}^2 + \overline{BD}^2 ;$$

ajoutant
$$\overline{AC}^2 + \overline{BC}^2 = 2\,\overline{CD}^2 + \overline{AD}^2 + \overline{BD}^2 .$$

ou
$$\overline{AB}^2 = 2\,\overline{CD}^2 + \overline{AD}^2 + \overline{BD}^2 ,$$

ou
$$(AD + BD)^2 = 2\,\overline{CD}^2 + AD^2 + BD^2 ;$$

développant le carré du premier membre, retranchant de part et d'autre $\overline{AD}^2$ et $\overline{BD}^2$, et divisant par 2, il restera

$$AD \times BD = \overline{CD}^2 ,$$

résultat que l'on peut écrire sous forme d'une proportion

$$AD : CD :: CD : BD ,$$

laquelle annonce que *la perpendiculaire* CD *est moyenne proportionnelle entre les deux segments* AD *et* BD *de l'hypoténuse*; proposition déjà démontrée plus haut.

Au moyen de la propriété du triangle rectangle, on résout beaucoup de problèmes, comme par exemple de trouver la somme ou la différence de deux carrés, et par suite de deux figures quelconques semblables entre elles.

On demande de *transformer un polygone quelconque* ABCDEF (fig. 62) *en un carré*. On mènera la diagonale AC, on prolongera le côté AF jusqu'à sa rencontre en G avec la parallèle menée de B à cette diagonale. Alors on pourra substituer le triangle ACG au triangle ABC, qui a même base et même hauteur. Par cette substitution, le polygone proposé sera équivalent au polygone GCDEF, qui a un côté de moins. On arrivera ainsi de proche en proche à transformer le polygone proposé en un triangle dont la base sera, par exemple, b, et la hauteur h. Il ne restera plus qu'à trouver, comme tout à l'heure, entre b et $\frac{1}{2}h$ (dont le produit exprime l'aire du triangle) une moyenne proportionnelle, qui sera le côté du carré cherché.

Faire un calcul égal à la somme de deux carrés, dont les deux côtés sont M *et* N (fig. 63). On prendra à angle droit AB = M, AC = N, et BC sera le côté du carré demandé.

3. Rapport entre les aires des polygones semblables.

Deux triangles semblables ABC, ADE (fig. 64) *sont entre eux comme les carrés des côtés homologues.* Abaissons les perpendiculaires AG, AF du sommet A sur les bases DE, BC des triangles. Les triangles rectangles ADG, ABF seront semblables et donneront

$$AG : AF :: AD : AB$$

ou

$$\tfrac{1}{2}AG : \tfrac{1}{2}AF :: AD : AB .$$

Mais les triangles ADE, ABC donnent

$$DE : BC :: AD : AB .$$

Multipliant les deux dernières proportions, terme à terme, on aura

$$DE \times \tfrac{1}{2}AG : BC \times \tfrac{1}{2}AF :: AD^2 : AB^2 ,$$

c'est-à-dire

$$\text{triangle ADE} : \text{triangle ABC} :: AD^2 : AB^2 .$$

Deux polygones semblables ABCDEF, AB'C'D'E'F' (fig. 65) *sont entre eux comme les carrés des côtés homologues.* Décomposant ces polygones en triangles semblables, on aura

$$ABC : AB'C' :: BC^2 : B'C'^2 ,$$
$$ACD : AC'D' :: CD^2 : C'D'^2 ,$$
$$ADE : AD'E' :: DE^2 : D'E'^2 ,$$

et ainsi de suite. Mais on a

$$BC : B'C' :: CD : C'D' :: DE : D'E' , \text{ etc.}$$

et

$$BC^2 : B'C'^2 :: CD^2 : C'D'^2 :: DE^2 : D'E'^2 , \text{ etc.}$$

Donc les seconds rapports des proportions ci-dessus étant égaux, les premiers le sont aussi; en sorte qu'on a

$$ABC : AB'C' :: ACD : AC'D' :: ADE : AD'E' :: \text{etc.} :: \overline{BC}^2 : \overline{B'C'}^2 ,$$

d'où l'on tire

$$ABC + ACD + ADE + \text{etc.} : AB'C' + AC'D' + AD'E' + \text{etc.} :: \overline{BC}^2 : \overline{B'C'}^2 ,$$

c'est-à-dire

$$ABCDEF : AB'C'D'E'F' :: \overline{BC}^2 : \overline{B'C'}^2 .$$

XVIII.

1. POLYGONES RÉGULIERS. — DÉMONTRER QU'ILS PEUVENT ÊTRE INSCRITS OU CIRCONSCRITS AU CERCLE. — 2. RAPPORT DE LA CIRCONFÉRENCE AU DIAMÈTRE. — DONNER UNE IDÉE DE LA MANIÈRE DONT ON A PU ÉVALUER APPROXIMATIVEMENT CE RAPPORT. — MESURE DE L'AIRE DU CERCLE CONSIDÉRÉ COMME UN POLYGONE RÉGULIER D'UNE INFINITÉ DE CÔTÉS.

1. Polygones réguliers. — Démontrer qu'ils peuvent être inscrits ou circonscrits au cercle.

Un polygone *régulier* est tel que tous ses angles sont égaux, ainsi que tous ses côtés.

Tout polygone régulier, tel que ABCDEF (fig. 66), peut être inscrit à un cercle, et peut être circonscrit à un autre cercle. Car si l'on divise tous les angles en deux parties égales, les triangles résultants AOB, BOC, etc., seront tous groupés autour d'un même point O, qui sera le centre tant du cercle inscrit que du cercle circonscrit. En effet, les triangles indiqués ci-dessus seront égaux comme ayant les côtés AB, BC, etc., égaux, adjacents à des angles égaux ; et de plus ces triangles seront isocèles, comme ayant chacun ces deux angles égaux ; donc $AO = BO = CO$, etc., ce qui démontre l'existence du centre O. Cela posé, le rayon du cercle circonscrit sera OA, et le rayon du cercle inscrit sera la perpendiculaire OG abaissée de O sur l'un des côtés du polygone.

Pour inscrire un carré au cercle, il suffit de mener deux diamètres AC, BD (fig. 67) perpendiculaires l'un à l'autre, et de joindre leurs extrémités pour avoir le carré inscrit ABCD.

Supposé l'hexagone ABCDEF (fig. 68) inscrit au cercle. Les rayons OA, OB...., menés aux sommets des angles du polygone, formeront autour du centre O six angles dont l'ensemble fait quatre angles droits, et par conséquent chacun $\frac{2}{3}$ d'angle droit. Mais tous les angles des 6 triangles formant 12 angles droits, il reste 8 angles droits pour les angles du contour ; et en divisant 8 par 12 il vient encore $\frac{2}{3}$ d'angle droit pour chacun de ces derniers angles. Donc les trois angles de chaque triangle sont égaux entre eux ; donc ces triangles sont équilatéraux.

Soient deux polygones réguliers d'un même nombre de côtés ABC..., *A'B'C'.... (fig. 69). Soient OA et O'A' les rayons des cercles circonscrits, OP et O'P' les rayons des cercles inscrits. On prouve que les contours de ces polygones sont entre eux comme OA est à O'A', ou comme OP est à O'P', et que leurs surfaces sont comme les carrés de ces mêmes rayons.* Il est aisé de voir, en effet, que les triangles tels que OAP sont égaux entre eux, ainsi que les triangles O'A'P', et que les premiers sont semblables aux seconds. Par exemple, OAP et O'A'P' sont les moitiés des triangles OAB et O'A'B', que nous savons déjà être égaux dans chaque polygone. En second lieu, les angles au centre AOP, A'O'P' sont égaux comme étant la même fraction de quatre angles droits ; et les angles en P et P' étant droits, les triangles OAP, O'A'P' sont semblables. Par conséquent le rapport de AP à A'P', ou de AB à A'B', ou du contour entier ABC.... au contour entier A'B'C'..... est le même que le rapport de OA à O'A', ou de OP à O'P', ce qui établit la première partie de la proposition. Quant à la seconde, on la démontre en multipliant terme à terme ces deux suites de rapports égaux

$$AB : A'B' :: OP : O'P' :: OA : O'A'$$

$$\tfrac{1}{2}OP : \tfrac{1}{2}O'P' :: OP : O'P' :: OA : O'A' ,$$

d'où $\quad AB \times \tfrac{1}{2}OP : A'B' \times \tfrac{1}{2}O'P' :: \overline{OP}^2 : \overline{O'P'}^2 :: \overline{OA}^2 : \overline{O'A'}^2 ,$

mais les deux premiers termes expriment les surfaces des triangles OAB, O'A'B'. Donc ces surfaces, et par suite les surfaces entières des polygones, sont entre elles comme les carrés des rayons des cercles tant inscrits que circonscrits.

2. **Rapport de la circonférence au diamètre.** — Donner une idée de la manière dont on a pu évaluer approximativement ce rapport. — Mesure de l'aire du cercle considéré comme un polygone régulier d'une infinité de côtés.

Pour calculer la circonférence d'un cercle, en partant de son rayon, il faut :

1° Connaissant le demi-côté AC (fig. 70) d'un polygone inscrit, savoir calculer le demi-côté AE du polygone circonscrit ayant le même nombre de côtés. Pour cela, on a

$$AE^2 = CE \times OE = CE \times (OC + CE) ;$$

mais de la proportion OC : AC :: AC : CE, on tire la valeur de CE que l'on substitue, d'où, après les réductions,

$$AE^2 = \frac{AC^2 \times (OC^2 + AC^2)}{OC^2} ;$$

mais $\quad OC^2 + AC^2 = OA^2 \quad$ et $\quad OC^2 = OA^2 - AC^2 ,$

d'où enfin

$$AE = \frac{OA \times AC}{\sqrt{OA^2 - AC^2}}$$

expression de AE, qui ne contient plus que le rayon OA et le demi-côté AC du polygone inscrit.

2° Connaissant le demi-côté AC d'un polygone inscrit, trouver le demi-côté AD d'un polygone inscrit, ayant un nombre de côtés double. Pour cela, on a

$$AD^2 = AC^2 + CD^2 ,$$

mais

$$CD^2 = (OD - OC)^2 = (OA - OC)^2 .$$

ou

$$CD^2 = (OA - \sqrt{OA^2 - AC^2})^2 .$$

en développant le carré réduisant.

$$CD^2 = 2OA^2 - AC^2 - 2OA \sqrt{OA^2 - AC^2} .$$

d'où, en substituant dans la première égalité et réduisant

$$AD^2 = 2OA \times (OA - \sqrt{OA^2 - AC^2}) .$$

expression du carré de AD, qui ne contient plus que le rayon OA et le demi-côté AC du polygone connu.

Cela posé, on calcule successivement le demi-côté des polygones inscrits, dont le nombre de côté va toujours doublant; en même temps, on calcule le demi-côté des polygones circonscrits qui leur correspondent. Par suite, on connaît les contours entiers de ces divers polygones; leurs valeurs approchent de plus en plus d'être égales entre elles, et à celle de la circonférence qui reste toujours comprise entre ces polygones inscrits et circonscrits. On pousse ainsi le calcul jusqu'à ce que les valeurs des contours de deux polygones, inscrits et circonscrits, ne diffèrent plus de l'ordre des décimales que l'on veut conserver.

C'est ainsi qu'on a trouvé $3{,}14159$ pour la longueur de la circonférence, dont le diamètre est pris comme unité. Archimède avait obtenu le rapport assez simple $\frac{22}{7}$, et Métius le rapport beaucoup plus approché $\frac{355}{113}$.

Si, du centre du cercle inscrit dans un polygone régulier, on mène des droites à tous les sommets des angles de ce polygone, la surface de celui-ci sera partagée en triangles égaux, ayant chacun pour base l'un des côtés du polygone, et pour hauteur le rayon du cercle inscrit. Par conséquent *la surface totale du polygone s'obtiendra en*

*multipliant chacun de ces côtés, c'est-à-dire son contour entier, par la
moitié du rayon du cercle inscrit.*

Comme le cercle peut être assimilé à un polygone régulier d'un
nombre infini de côtés, il s'ensuit que *la surface du cercle s'obtiendra
en multipliant la longueur de la circonférence par la moitié du rayon,*
qui représente la perpendiculaire abaissée du centre sur chacun de
ses côtés infiniment petits.

À mesure que le nombre des côtés des polygones augmente, les
cercles inscrits et circonscrits se rapprochent les uns des autres. Et
quand le nombre de ces côtés est devenu infini, les cercles en question se confondent entre eux et avec les polygones ; de telle sorte que
les deux propositions du § précédent, qui sont indépendantes du nombre
des côtés, restent encore vraies à la limite. Alors elles s'énoncent de
la manière suivante : *Les circonférences des cercles sont entre elles
comme leurs rayons , et leurs surfaces comme les carrés des rayons*

XIX.

1. DES PLANS. — CONDITIONS POUR QU'UNE DROITE SOIT PERPENDICULAIRE A
UN PLAN, — PARALLÈLE A UN PLAN, — POUR QU'UN PLAN SOIT PERPENDI-
CULAIRE OU PARALLÈLE A UN AUTRE PLAN. — INTERSECTION DE DEUX PLANS
PARALLÈLES A UN TROISIÈME PLAN. — DEUX DROITES PERPENDICULAIRES AU
MÊME PLAN SONT PARALLÈLES ET RÉCIPROQUEMENT. — 2. NOTIONS SUR LA
MESURE DE L'INCLINAISON DE DEUX PLANS OU DE L'ANGLE DIÈDRE. — CE
QU'ON ENTEND PAR ANGLE SOLIDE TRIÈDRE, POLYÈDRE.

1. Des plans. — Conditions pour qu'une droite soit perpendiculaire à un plan, —
parallèle à un plan, — pour qu'un plan soit perpendiculaire à un autre plan. — Intersection de deux plans parallèles à un troisième plan. — Deux droites perpendiculaires au même plan sont parallèles et réciproquement.

Une ligne droite est dite perpendiculaire à un plan , lorsqu'elle est
perpendiculaire a toutes les droites qui passent par son pied dans ce
plan.

D'après la définition du plan, une ligne droite qui a deux points
dans ce plan y est tout entière ; tellement qu'elle ne peut être en
partie dedans et en partie dehors.

Deux lignes droites AB , AC (fig. 71), *qui se coupent en un
point* A , *sont dans un même plan.* En effet, si l'on suppose que le
plan tourne autour de l'une de ces droites AB , comme charnière,
dès qu'elle touchera l'autre droite en un point tel que C , comme
elle le touche déjà en A , la droite AC sera nécessairement dans

le plan, lequel se trouvera ainsi déterminé de position. Il est clair qu'un triangle ABC détermine aussi la position d'un plan; il en est de même d'une seule droite AB et d'un point C en dehors de cette droite; et pareillement de trois points A, B, C non en ligne droite.

L'intersection de deux plans est nécessairement une ligne droite; car si l'intersection avait trois points non en ligne droite, ces trois points détermineraient la position de chacun des plans, qui alors se confondraient entre eux.

Si une droite AP (fig. 72) est perpendiculaire à deux droites BC, DE, qui se croisent par son pied A dans le plan MN, elle est perpendiculaire à toute autre droite FG passant également par son pied dans le même plan. Pour le prouver, prenons AB = AC, AD = AE, et tirons BD, CE, puis d'un point P de la perpendiculaire les obliques BP, CP, DP, EP, FP, GP. Les triangles ABD et ACE seront égaux, et par suite les triangles ABF, ACG. Les triangles rectangles ABP et ACP sont égaux, de même que ADP et AEP, d'où BP = CP, et DP = EP. Donc les triangles BDP et CEP sont égaux comme ayant les trois côtés égaux chacun à chacun. Par suite, les triangles BFP et CGP seront égaux, d'où FP = GP; ces deux dernières droites étant des obliques égales, s'écartant également du point A, il s'ensuit que AP est perpendiculaire à FG.

Une droite est parallèle à un plan, lorsqu'elle ne peut rencontrer ce plan, quelque prolongés qu'on les suppose l'une et l'autre.

Deux plans parallèles sont ceux qui ne peuvent jamais se rencontrer.

L'angle de deux plans, que l'on nomme *angle dièdre*, se mesure par l'angle des deux perpendiculaires élevées en un même point de l'intersection des plans, sur cette intersection, chacune dans l'un des plans.

Enfin, deux plans sont perpendiculaires entre eux quand l'angle qui mesure leur inclinaison est droit.

Une droite AB (fig. 73) parallèle à une autre droite CD située dans le plan MN, est parallèle à ce plan. Car AB et CD se trouvent dans un même plan ABDC; et dès lors AB, devant rester dans ce plan, ne pourrait rencontrer le plan MN qu'en un point CD; ce qui ne se peut, puisque CD lui est parallèle.

Les intersections AB, CD (fig. 74) d'un plan ABDC par

deux plans parallèles MN , PQ , *sont parallèles entre elles.* En effet, AB et CD se trouvent dans un même plan ABDC , et de plus ne peuvent se rencontrer, puisque MN et PQ se rencontreraient : donc ces deux droites sont parallèles.

Une droite AP (fig. 75) *étant perpendiculaire au plan* MN , *tout plan* BAP , *mené par cette droite, est perpendiculaire à* MN . Menons dans le plan MN la perpendiculaire AC à l'intersection AB ; l'angle CAP sera droit, puisque AP est perpendiculaire à toute droite menée par son pied dans le plan MN ; mais l'angle CAP mesure celui des deux plans, qui est par conséquent droit.

Si deux plans MN , PQ (fig. 76) *sont perpendiculaires entre eux, et que dans l'un d'eux* PQ *on mène une perpendiculaire* AP *à l'intersection commune* AQ , *cette ligne* AP *sera perpendiculaire à l'autre plan* MN . Car si l'on mène dans le plan MN la droite AC perpendiculaire à l'intersection AQ , l'angle CAP , qui mesure l'inclinaison des plans, sera droit; et puisque AP est aussi perpendiculaire à AQ , elle est perpendiculaire à deux droites AC , AQ menées dans le plan MN , et se trouve dès lors perpendiculaire à ce plan.

Si deux droites AB , CD (fig. 77) *sont parallèles, et que l'une d'elles* AB *soit perpendiculaire au plan* MN , *l'autre* CD *sera aussi perpendiculaire à ce plan.* Menons le plan ABDC des parallèles; AB et par suite CD seront perpendiculaires à l'intersection AC ; et si dans le plan MN on tire CE perpendiculaire à AC , l'angle DCE mesurera l'inclinaison des plans MN et ABDC , et sera droit. Alors CD , se trouvant perpendiculaire sur deux droites AC , CE du plan MN , sera perpendiculaire à ce plan.

Réciproquement, si les deux droites AB , CD *sont perpendiculaires au plan* MN , *elles sont parallèles.* Car elles seront dans un même plan ABDC , perpendiculaires à la même droite AC , intersection de ce plan avec MN .

2 Notions sur la mesure de l'inclinaison de deux plans ou de l'angle dièdre. — Ce qu'on entend par angle solide trièdre, polyèdre.

On a vu que l'intersection mutuelle de deux plans, supposés indéfinis, est une ligne droite; celle-ci forme comme une charnière, autour de laquelle on peut faire tourner l'un et l'autre plan, de manière à varier *l'angle dièdre,* ou l'inclinaison mutuelle des deux plans.

A la rigueur, deux plans qui se coupent forment entre eux quatre angles dièdres; mais ces angles sont opposés, et égaux deux à deux. en sorte qu'il n'y a que deux angles distincts; et parmi ceux-ci, on est convenu de prendre le plus petit pour l'angle des deux plans.

Si, par un même point de l'intersection des deux plans, on élève deux perpendiculaires à cette intersection, l'une couchée sur le premier plan, et l'autre couchée sur le second, on reconnaît aisément que l'angle de ces deux perpendiculaires croît et décroît comme l'angle dièdre, en sorte qu'il peut être pris pour la mesure de ce dernier.

Si, par un point quelconque de l'intersection de deux plans, on mène un troisième plan qui coupe les deux premiers, on aura trois intersections et huit espaces angulaires, dont chacun forme ce qu'on appelle un angle *trièdre*. En d'autres termes, un angle trièdre est compris entre trois *angles plans*, qui sont ses *faces*, comprenant trois angles dièdres, et trois intersections ou *arêtes*, partant d'un même point, qui est le sommet de l'angle trièdre.

L'angle trièdre, ainsi formé par trois faces ou angles plans, est le plus simple des *angles polyèdres*, dont les faces peuvent croître en nombre d'une manière indéfinie, toutes ces faces se réunissant en un point commun, qui est le sommet de l'angle polyèdre.

<hr>

XX.

PARALLÉLIPIPÈDES, — PRISMES, — PYRAMIDES, — DÉFINITION DE CES SOLIDES. —MESURE DU VOLUME DU PARALLÉLIPIPÈDE RECTANGLE, DANS L'HYPOTHÈSE DE LA COMMENSURABILITÉ DES COTÉS.— MESURE DU VOLUME D'UN PARALLÉLIPIPÈDE QUELCONQUE.

On nomme *polyèdre* tout corps terminé par des surfaces planes; la ligne d'intersection de deux faces du polyèdre est une *arête*, et le point de réunion de plusieurs arêtes est le sommet d'un angle solide ou angle polyèdre.

Le *prisme* est un polyèdre dont deux faces ou bases sont égales et parallèles, toutes les autres étant des parallélogrammes. Le prisme est dit triangulaire, quadrangulaire, etc., suivant que ses bases sont des triangles, des quadrilatères, etc. Sa *hauteur* est la perpendiculaire menée entre les deux bases.

Quand les bases du prisme sont elles-mêmes des parallélogrammes, toutes les faces, au nombre de six, sont alors parallélogrammiques, et le prisme reçoit le nom de *parallélipipède*.

Le parallélipipède dont les six faces sont des carrés se nomme *cube*. Dans ce cas, tous les angles dièdres sont droits, chaque face étant perpendiculaire à toutes ses voisines.

La *pyramide* est un polyèdre dont l'une des faces prises pour *base* est un polygone quelconque, et dont toutes les autres faces sont des triangles ayant leurs sommets en un même point ; celui-ci est le *sommet* de la pyramide, qui est triangulaire, quadrangulaire, etc., suivant que sa base est un triangle, un quadrilatère, etc. La hauteur de la pyramide est la perpendiculaire abaissée du sommet sur le plan de la base.

La mesure des volumes se fait à l'aide d'un volume pris pour unité, de forme et de dimensions connues. Cette unité est ordinairement un cube, dont le côté est l'unité linéaire.

Deux volumes égaux peuvent être superposés dans toutes leurs parties ; mais cette superposition ne peut plus avoir lieu lorsque les deux volumes ont une forme différente, tout en comprenant une égale portion de l'espace, auquel cas on les dit *équivalents*.

Soit un parallélipipède rectangle ABCD (fig. 78), c'est-à-dire un parallélipipède formé par six rectangles. Supposons que la *longueur* AB de la base contienne 5 unités linéaires ; la *largeur* AC de cette base, 4 unités linéaires ; enfin la *hauteur* AD du parallélipipède, 6 unités de longueur : la base ABC contiendra 5 rangées de 4 carrés formés avec ces unités, en tout 20 carrés, qui seront les bases d'autant de piles de 6 cubes formés avec les mêmes unités pour arêtes. Dès lors on voit que le volume du parallélipipède sera représenté par 120 cubes ayant l'unité linéaire pour dimension. Si donc on prend ces cubes pour unité de volume, *le volume du parallélipipède rectangle s'obtiendra en multipliant entre elles ses trois dimensions, longueur, largeur et hauteur, et prenant les unités du produit pour des unités de volume.*

Si l'on décompose un parallélipipède quelconque ABCD (fig. 79) en une infinité de tranches infiniment minces, par des plans équidistants entre eux et parallèles aux bases, on pourra, sans changer le volume du parallélipipède et sa hauteur, entasser ces tranches entre quatre arêtes perpendiculaires aux bases, comme AD (fig. 78) ; c'est-à-dire rendre ce parallélipipède droit, d'oblique qu'il était ; en sorte que tous les parallélipipèdes de même base et de même hauteur sont équivalents, ceux de même base étant entre eux comme leurs hauteurs, et ceux de même hauteur comme leurs bases. Ce n'est pas tout : on pourra, sans changer le volume du parallélipipède, remplacer ses bases parallélogrammiques par des bases rectangulaires de mêmes dimensions; en sorte que *le parallélipipède oblique est l'équivalent d'un parallélipipède droit à bases rectangulaires.* Par conséquent, *le volume d'un parallélipipède quelconque s'obtient encore en formant le produit de ses trois dimensions rectangulaires, ou le produit de sa base par sa hauteur.*

Un prisme triangulaire ABCDEF (fig. 80) *est évidemment la moitié du parallélipipède* ABCGDEHF *formé sur ses trois arêtes* AB , AC , AD . Car en supposant les prismes droits, on pourra superposer le prisme triangulaire ABCDEF sur le prisme BCGEFH , qui complète le parallélipipède. Si les tranches infiniment minces et parallèles aux bases, dans lesquelles on peut supposer les prismes divisés, étaient entassées entre des arêtes obliques, elles ne changeraient pas de valeur, et leur ensemble donnerait deux prismes triangulaires obliques, équivalents entre eux, chacun étant moitié du parallélipipède oblique correspondant. Donc le volume d'un prisme triangulaire, droit ou oblique, s'obtient en multipliant sa base par sa hauteur; car cette base étant moitié de celle du parallélipipède, le produit sera moitié de celui que l'on obtient pour ce parallélipipède.

Soit maintenant un prisme à base quelconque ABCDE (fig. 81). Si l'on divise cette base par les diagonales AC , AD , et que, par celle-ci et la même arête AF , on mène des plans coupants, on partagera le prisme proposé en autant de prismes triangulaires que la base aura de triangles. Or chacun de ces prismes triangulaires ayant pour mesure de solidité le produit de sa base par sa hauteur, qui est la même pour tous, *le volume total du prisme s'obtiendra en multipliant sa base par sa hauteur.*

Si l'on partage une pyramide triangulaire SABC (fig. 82) en tranches infiniment minces par des plans équidistants et parallèles à la base ABC , on pourra entasser ces tranches entre trois arêtes AS′ , BS′ , CS′ formant une pyramide triangulaire ayant la même base ABC et le sommet S′ à la même hauteur que S au-dessus du plan de cette base : cela veut dire que toutes les pyramides de même base et de même hauteur sont équivalentes.

Soit un prisme triangulaire droit ABCDEF (fig. 83). Au moyen du plan coupant ACE , on pourra d'abord en détacher une pyramide triangulaire, dont la base ABC et la hauteur BE sont celles du prisme. Le plan coupant CDE détachera ensuite la pyramide triangulaire, dont la base DEF et la hauteur CF sont encore celles du prisme. Reste la pyramide triangulaire, dont la base serait ACD et le sommet E ; mais on peut transporter ce sommet en B parallèlement à la base, et, au lieu de la pyramide ACDE , prendre la pyramide équivalente ACDB , dont la base peut être considérée en ABC et le sommet en D . Alors cette troisième pyramide aura même base et même hauteur que le prisme. Donc ce dernier se trouvera partagé en trois pyramides de même base et de même hauteur. Donc enfin *la pyramide triangulaire est le tiers du prisme droit de même base et de même hauteur ;* et comme toutes les pyramides triangulaires de même base et de même hauteur sont équivalentes, elles auront toutes pour mesure le tiers du produit de leur base par leur hauteur.

Soit maintenant une pyramide quelconque SABCDE (fig. 84.) On pourra la décomposer, par les plans SAD , SAC , en autant de pyramides triangulaires qu'il y aura de triangles dans la base. Et puisque ces pyramides triangulaires ont pour mesure le tiers du produit de leurs bases respectives par leur hauteur, qui est la même, *le volume de la pyramide totale* SABCDE *s'obtiendra en multipliant la somme des bases triangulaires, c'est-à-dire la base* ABCDE, *par la hauteur en question, et prenant le tiers de ce produit.*

XXI.

1. CYLINDRE ET CÔNE DROITS. — DÉFINITIONS. — DÉMONTRER, PAR LA CONSIDÉRATION DES INFINIMENT PETITS , LES THÉORÈMES RELATIFS A LA MESURE DE LA SURFACE CONVEXE DU CYLINDRE DROIT, — DU CÔNE DROIT, — DU TRONC DE CÔNE A BASES PARALLÈLES. — 2. MESURE DU VOLUME DU CYLINDRE ET DU CÔNE.

1. Cylindre et cône droits — Définitions. — Démontrer, par la considération des infiniments petits , les théorèmes relatils à la mesure de la surface convexe du cylindre droit, du cône droit, du tronc de cône à bases parallèles.

Un *cylindre* est engendré par un rectangle ABCD (fig. 85) tournant autour de l'un de ses côtés AB , comme *axe* ; le côté opposé CD décrit la *surface convexe* du cylindre ; les deux autres côtés AD , BC décrivent deux cercles qui sont les *bases* du cylindre ; l'axe AB ou le côté CD expriment la *hauteur* du cylindre.

Un *cône* est engendré par un triangle rectangle SAC (fig. 86) tournant autour d'un des côtés AS de l'angle droit, comme *axe*. L'autre côté AC décrit un cercle qui est la *base* du cône ; l'hypoténuse CS en décrit la *surface convexe*, le point S en est le *som-*

met, et l'axe AS la *hauteur*. L'hypoténuse CS porte aussi le nom de *côté* du cône.

Toute section GH (fig. 85) d'un cylindre par un plan parallèle aux bases est un cercle égal à celui des bases, ayant son centre I sur l'axe. Toute section suivant l'axe est un rectangle CDEF, double du rectangle générateur.

Toute section GH (fig. 86) d'un cône par un plan parallèle à la base est un cercle ayant son centre I sur l'axe, et d'un rayon GI moindre que celui de la base. Toute section faite suivant l'axe est un triangle isoscèle SCD, double du triangle générateur SAC.

La surface convexe du cylindre s'obtient en multipliant la circonférence de sa base par sa hauteur. En effet, si l'on coupe cette surface suivant le côté AD (fig. 88), qui représente la génératrice de la surface en l'une de ses positions, et qu'on déroule cette surface sur un plan, on obtiendra un rectangle MNPQ, dont la longueur MN sera évidemment égale à la circonférence de la base du cylindre, et dont la hauteur MQ sera le côté AD. Or, la surface de ce rectangle s'obtient en faisant le produit des deux dimensions; donc la surface convexe du cylindre sera le produit de la circonférence de sa base par son côté ou sa hauteur, qui lui est égale.

La surface convexe du cône s'obtient en multipliant la circonférence de sa base par son côté et prenant la moitié de ce produit. En effet, si l'on coupe cette surface suivant le côté AS (fig. 89), qui représente la génératrice de la surface en l'une de ses positions, et qu'on déroule cette surface sur un plan, on obtiendra un secteur de cercle OMNP, dont l'arc MNP sera égal à la circonférence de la base du cône, et sera décrit d'un rayon OM égal au côté AS. Cela vient de ce que tous les points de la circonférence de la base sont à égale distance du sommet S, de même que tous les points de l'arc MNP sont à égale distance du centre O. Ensuite la surface du secteur étant la moitié du produit de son arc par son rayon, la surface conique sera aussi la moitié du produit de la circonférence de sa base par son côté.

Si l'on coupe un cône SAB (fig. 90) par un plan DF parallèle à la base AB, on en détachera un cône plus petit SDF, et il restera un *tronc de cône* ABDF; ses deux bases circulaires sont AB et DF, sa hauteur est la portion CE de l'axe du cône primitif comprise dans ce tronc, et son côté est la portion AD du côté du cône comprise sur la surface convexe de ce même tronc. Si l'on développe la surface convexe du cône primitif en OMNP, celle du cône détaché SDF sera le secteur OQRT ; et par conséquent la surface du tronc de cône sera la portion du secteur comprise entre les deux arcs MNP et QRT , c'est-à-dire

$$\frac{1}{2} \text{ arc MNP} \times \text{OM} - \frac{1}{2} \text{ arc QRT} \times \text{OQ} \; ;$$

mais on a $\qquad$ arc MNP : arc QRT :: OM : OQ .

Égalant le produit des moyens et celui des extrêmes, et divisant par 2 , il vient

$$\frac{1}{2} \text{ arc MNP} \times \text{OQ} = \frac{1}{2} \text{ arc QRT} \times \text{OM} \; .$$

On peut donc, sans changer le résultat, ajouter et retrancher les deux termes de cette égalité dans l'expression ci-dessus de la surface du tronc de cône, qui deviendra

$$\frac{1}{2} (\text{arc MNP} + \text{arc QRT}) \times (\text{OM} - \text{OQ}) \; ,$$

ou enfin $\qquad$ $\frac{1}{2} (\text{arc MNP} + \text{arc QRT}) \times \text{MQ} \; ,$

c'est-à-dire $\qquad$ $\frac{1}{2} (\text{circonférence AB} + \text{circonférence DF}) \times \text{AD} \; .$

C'est-à-dire que la surface du tronc de cône aura pour expression le produit de la demi-somme des circonférences des bases par le côté; ou, ce qui revient au même, la circonférence GH , placée à égale distance des deux autres, multipliée par le côté. Cette dernière conséquence se tire de ce qu'en prenant CI = EI , le diamètre GH est moyen entre les diamètres AB et DF , comme on l'a vu pour le trapèze, et de ce que les diamètres étant proportionnels à leur circonférence, la circonférence GH est moyenne entre les circonférences AB et DF , c'est-à-dire égale à leur demi-somme.

2. Mesure du volume du cylindre et du cône.

Le volume du cylindre s'obtient en multipliant sa base par sa hauteur; car le cylindre peut être considéré comme un prisme dont la base présente une infinité de côtés.

Le volume du cône est le tiers du produit de sa base par sa hauteur; car le cône peut être considéré comme une pyramide dont la base présente une infinité de côtés.

XXII.

DÉFINITION DE LA SPHÈRE ET SES PROPRIÉTÉS LES PLUS ÉLÉMENTAIRES. — THÉORÈMES SUR LA MESURE DE LA SURFACE ET DU VOLUME DE LA SPHÈRE. — LES DÉMONTRER PAR LA CONSIDÉRATION DES INFINIMENT PETITS.

Une *sphère* est engendrée par un demi-cercle ABD (fig. 87) tournant autour du diamètre AB , comme axe. La demi-circonférence ADB décrit alors la surface de la sphère. La sphère a même *centre* O , même *rayon* OA , et même *diamètre* AOB , que le demi-cercle générateur.

Toute section DE (fig. 87) de la sphère par un plan est un cercle; car toutes les droites menées du centre O à son contour, telles que OD , OE , sont égales comme étant des rayons de la sphère; et ces droites, considérées comme des obliques égales, doivent s'écarter également du pied C de la perpendiculaire OC , abaissée de O sur le plan de la section : donc la section DE est un cercle, tous les points de son contour étant à la même distance d'un point intérieur C , qui en est le centre. La section devient un *grand cercle*, lorsque le plan coupant passe par le centre de la sphère, auquel cas le rayon du cercle est le même que le rayon de la sphère.

La surface de la sphère s'obtient en multipliant la circonférence de son grand cercle par son diamètre. Considérons la surface de la sphère décrite par la demi-circonférence PAQ (fig. 91) dont le centre est en O . Une portion infiniment petite AC de cette demi-circonférence pourra être considérée comme rectiligne, et décrira une portion de la surface sphérique , que l'on assimilera à la surface d'un tronc de cône dont les rayons des bases sont AB , CD , et le côté AC . Du milieu E de AC menons le rayon OE et la perpendiculaire EF sur l'axe de révolution PQ ; et du point C , la perpendiculaire CG sur AB . Les triangles ACG et OEF seront semblables comme ayant les côtés perpendiculaires et par suite les angles égaux chacun à chacun, ce qui mène à la proportion

$$EF : OE :: CG : AC ;$$

ou, puisque les rayons sont comme les circonférences,

$$cir\ EF : cir\ OE :: CG : AC ;$$

d'où le produit des extrêmes égal au produit des moyens

$$cir\ EF \times AC = cir\ OE \times CG ;$$

ou bien, puisque CG = BD comme parallèles entre parallèles,

$$\text{cir EF} \times \text{AC} = \text{cir OE} \times \text{BD} .$$

Mais cir EF × AC exprime la surface du tronc de cône décrit par AC, laquelle surface aura donc pour expression cir OE×BD, c'est-à-dire la circonférence du grand cercle de la sphère multipliée par BD, ou la *projection* de AC sur l'axe. Donc la somme des surfaces décrites par tous les éléments de la demi-circonférence PAQ s'obtiendra en multipliant la circonférence par la somme des projections de ces éléments, somme égale au diamètre PQ En d'autres termes, la surface de la sphère sera le produit de la circonférence de son grand cercle par son diamètre.

On voit en même temps qu'un arc quelconque, pris sur la demi-circonférence génératrice, décrit une portion de surface sphérique qui a pour expression le produit de la circonférence par la projection de l'arc sur le diamètre PQ, autour duquel s'opère le mouvement. Cette portion de surface sphérique est ce qu'on nomme une *zone*; la hauteur de la zone est la projection indiquée ci-dessus, ou la perpendiculaire menée entre les deux cercles qui servent de bases ou de limites à la zone.

Le volume de la sphère est le tiers du produit de sa surface par son rayon; car la sphère peut être considérée comme la réunion d'une infinité de pyramides dont les sommets sont tous au centre, et dont les bases s'étendent sur toute la surface de la sphère. Chacune de ces pyramides ayant pour mesure le tiers du produit de sa base, qui est une portion de la surface sphérique, par sa hauteur, qui est le rayon de la sphère, il est clair que le volume de toutes ces pyramides, qui est celui de la sphère, s'obtiendra en multipliant la somme des bases par la hauteur commune, c'est-à-dire la surface sphérique par le rayon, et prenant le tiers du produit.

ALGÈBRE.

XXIII.

NOTIONS PRÉLIMINAIRES. — SIGNES DE L'ALGÈBRE. — EMPLOI DES LETTRES POUR REPRÉSENTER LES GRANDEURS. — COEFFICIENTS. — EXPOSANTS. — MONOMES. — POLYNOMES.

En algèbre, on représente les quantités par les lettres de l'alphabet, et aussi par les chiffres. Ceux-ci servent à désigner des nombres, des rapports, des opérations, ou toute autre circonstance déterminée par la nature même de la question, et qui ne pourraient être remplacés par d'autres chiffres sans changer plus ou moins le calcul, soit dans ses bases, soit dans son exécution, soit dans ses résultats. Quant aux lettres, elles servent à désigner les quantités qui pourraient varier arbitrairement sans changer la marche générale du calcul, ni les conséquences qui en résultent.

Ordinairement les quantités connues, ou censées connues, se désignent par les premières lettres de l'alphabet; et l'on réserve les dernières lettres, principalement x, y, z, pour représenter les quantités inconnues, et dont l'expression algébrique doit être le résultat du calcul.

Quand, à l'aide des quantités connues désignées par les lettres de l'alphabet, on est parvenu à trouver l'expression d'une ou de plusieurs quantités inconnues, on peut, avec cette expression, et sans recommencer les calculs, obtenir et trouver les inconnues relatives à toute autre valeur que l'on pourrait donner aux quantités connues; ce qu'on ne pourrait pas faire après un calcul numérique où toutes les opérations successives concourent à modifier un nombre, sans laisser dans le résultat final aucune trace de ces opérations.

Les algébristes font aussi usage de certains signes distinctifs des opérations. Ainsi le signe $+$, qu'on lit *plus*, est le signe de l'addition; le signe $-$, qu'on lit *moins*, est le signe de la soustraction. Par exemple, $a+b$ représente la somme des deux quantités désignées par a et b; et $a-b$, le reste obtenu en retranchant b de a.

Quant à la multiplication, elle est représentée, en général, par le signe $\times$, qu'on lit *multiplié par*. Ainsi $a \times b$ représente le produit de a par b; mais on le désigne encore par $a.b$, en interposant un point entre les deux facteurs; et même par ab, en écrivant ces facteurs sans aucune interposition de signe.

Le signe algébrique de la division est le même qu'en arithmétique. Ainsi $\frac{a}{b}$ représente le quotient de a divisé par b.

Enfin le signe de l'égalité est $=$, qu'on prononce *égal à*. Exemple, $a = b + c$ se lit *a égal à b plus c*.

Quand, parmi les facteurs d'un produit, il s'en trouve un de connu, c'est-à-dire un facteur numérique, on le met sur la gauche, en avant de tous les autres facteurs, qui sont exprimés par autant de lettres ; et alors il prend le nom de *coefficient*. Ainsi, dans $5ab$, il y a trois facteurs, dont le premier 5 est numérique, et est le coefficient du produit. S'il y avait plusieurs facteurs numériques dans un même produit, on les multiplierait les uns par les autres, de manière à n'en avoir plus qu'un. Tout produit qui n'a pas de coefficient est censé avoir l'unité pour coefficient.

Il arrive souvent que le même facteur littéral est répété deux ou plusieurs fois dans un même produit. Ainsi le produit $5aaabbc$, contient trois facteurs a et deux facteurs b. Alors on est convenu de n'écrire a et b qu'une seule fois, en ayant soin d'indiquer par un chiffre, nommé *exposant*, et placé à droite et vers le haut du facteur, combien de fois ce facteur se trouve dans le produit en question. On écrira donc

$$5aaabbc = 5a^3b^2c.$$

Toute lettre qui ne porte pas d'exposant est censée avoir l'unité pour exposant.

Un exposant indique le degré de la puissance à laquelle est élevée la lettre qui le porte. Ainsi la seconde puissance ou le carré de a est a^2 ; la troisième puissance ou le cube de a est a^3 ; la quatrième puissance de a est a^4, et ainsi de suite.

On nomme *terme* chacun des produits distincts dont se compose une quantité algébrique. Autrement dit, un terme est précédé et suivi des signes *plus* ou *moins*, qui le séparent des autres termes. Ainsi la quantité

$$3ab + a^2 - b$$

est formée de trois termes. Il est convenu qu'un terme qui n'est précédé d'aucun signe est censé avoir le signe *plus*.

Un terme est dit *positif*, s'il est précédé du signe *plus* ; et *négatif*, s'il est précédé du signe *moins*.

Un *monome* est une quantité formée d'un seul terme ; un *binome* est composé de deux termes ; un *trinome*, de trois termes, en général, un *polynome* est une quantité formée de plusieurs termes.

Un terme n'est pas seulement formé par voie de multiplication ; il peut aussi avoir des diviseurs, élevés eux-mêmes à certaines puissances. Par exemple, le terme $\dfrac{3a^2b^3}{5c^2d}$ affecte une forme fractionnaire. Mais, au lieu de considérer c^2 et d et leur coefficient 5

comme des diviseurs, on peut les envisager comme des facteurs de la forme $\frac{1}{5}$, $\frac{1}{c^2}$, $\frac{1}{d}$.

Les termes fractionnaires peuvent être réduits à une expression plus simple, toutes les fois qu'il y a quelques facteurs communs au numérateur et au dénominateur. Ainsi, le terme $\frac{6a^2b^5c}{2ab^3c}$ ayant pour commun diviseur, haut et bas, la quantité $2ab^3c$, il se change, par la suppression de ces facteurs communs, en $\frac{3a}{b^2}$.

Le *degré* ou les *dimensions* d'un produit sont exprimés par le nombre de ses facteurs, diminués du nombre de ses diviseurs. À cet effet, on additionne les exposants du numérateur et ceux du dénominateur s'il y en a, puis on retranche les derniers des premiers, en ayant soin de prendre l'unité pour l'exposant des lettres qui n'en ont point d'effectif, et de négliger les coefficients.

Ainsi un terme est du premier degré, ou à une dimension, quand il a un facteur de plus au numérateur qu'au dénominateur; du second degré, ou à deux dimensions, lorsqu'il a deux facteurs de plus au numérateur; du troisième degré, ou à trois dimensions, quand il a trois facteurs, et ainsi de suite. Dans le premier cas, il représente une longueur; dans le second cas, une surface; dans le troisième cas, un volume; dans tous les cas supérieurs, il n'a plus rien de commun avec l'étendue géométrique. Quand les facteurs sont en même nombre, haut et bas, le terme n'exprime plus qu'un rapport ou un nombre abstrait. Il ne représenterait plus rien, si son dénominateur avait plus de facteurs que son numérateur.

Deux termes sont *semblables,* lorsqu'ils ne diffèrent que par leurs coefficients. Ils doivent donc offrir les mêmes facteurs portant les mêmes exposants, tant au numérateur qu'au dénominateur, si les termes sont fractionnaires. Ainsi $5a^2b$ et $3a^2b$ sont des termes semblables.

Quand il se rencontre plusieurs termes semblables dans un même polynome, on peut les réduire à un seul en ajoutant les coefficients des termes qui ont même signe, et retranchant ces coefficients lorsque les signes sont divers. Ainsi $5a^2b + 3a^2b$ se réduisent à $8a^2b$; car 5 fois le produit a^2b et 3 fois le même produit, font évidemment 8 fois ce produit. Mais $5a^2b - 3a^2b$ reviendrait à $2a^2b$.

XXIV.

ADDITION ET SOUSTRACTION DES QUANTITÉS ALGÉBRIQUES. — MULTIPLICATION DES QUANTITÉS ALGÉBRIQUES. — RÈGLES DES COEFFICIENTS, DES EXPOSANTS ET DES SIGNES. — DIVISION DES QUANTITÉS ALGÉBRIQUES. — CE QU'ON ENTEND PAR ORDONNER UN POLYNOME.

Pour additionner deux ou plusieurs quantités algébriques, monomes ou polynomes, il suffit de les écrire à la suite les unes des autres, chaque terme avec son signe. Ainsi le polynome

$$3a^2b - 5ab^2 + a$$

ajouté au polynome

$$a^2b + a^3 - 8$$

donne une somme représentée par

$$3a^2b - 5ab^2 + a + a^2b + a^3 - 8 \; ;$$

ou, en réduisant les 1ᵉʳ et 4ᵉ termes, qui sont semblables,

$$4a^2b - 5ab^2 + a + a^3 - 8 \; .$$

Pour soustraire une quantité algébrique d'une autre, il faut, à la suite de celle-ci, écrire la première en changeant les signes de ses divers termes, les *plus* en *moins* et les *moins* en *plus*. En effet, si de la quantité a il fallait retrancher $b - c$, en retranchant d'abord b, il viendrait $a - b$; or, comme ce n'est pas b tout entier, mais b diminué de c, qu'il fallait retrancher, on a donc retranché c de trop ; en remettant c ; il viendra $a - b + c$, où l'on voit que les signes de b et de c ont été changés. Après cela, on fait la réduction des termes semblables, s'il s'en trouve.

On a vu que le produit d'autant de facteurs que l'on veut s'exprime en juxtaposant tous ces facteurs, faisant le produit des coefficients, et réunissant tous les mêmes facteurs en un seul, que l'on surmonte d'un exposant. Ainsi le produit des trois facteurs $4a^2bc$, $2ab^2$, $5a^3c$, est $4 \cdot 2 \cdot 5 \cdot a^2aa^3b^2bcc$, ou plus simplement $40a^6b^3c^2$.

Si, parmi les facteurs il s'en trouvait de fractionnaires, on ferait le produit des numérateurs et celui des dénominateurs. Exemple, $\dfrac{6a^2b}{c}$ multiplié par $\dfrac{a^3c}{3b^2}$, donne pour produit $\dfrac{6a^5b c}{3b^2c}$; ce dernier pouvant être divisé, haut et bas, par $3bc$, devient $\dfrac{2a^5}{b}$.

D'après ce qui précède, les coefficients des facteurs se multiplient, et les exposants des mêmes lettres s'ajoutent entre eux. Mais quand les coefficients se trouvent au numérateur et au dénominateur, on les divise par leur plus grand commun diviseur; et si la même lettre se rencontre au numérateur et au dénominateur, on divise haut et bas par la lettre qui a le moindre exposant; ce qui revient à retrancher le plus petit exposant du plus grand.

Lorsqu'il s'agit de multiplier deux polynomes entre eux, il faut multiplier chaque terme de l'un par chaque terme de l'autre, comme en arithmétique, et réunir tous les produits partiels, chacun avec son signe propre, que l'on détermine de la manière suivante :

Si l'on avait à multiplier $a - b$ par $c - d$, on commencerait par multiplier a par c, d'où le produit ac. Mais c'était a diminué de b qu'il fallait multiplier par c, donc il faut retrancher le produit de b par c, ce qui donne $ac - bc$ pour le produit de $a - b$ par c. Or, $a - b$ ne devait pas être répété un nombre de fois représenté par c, mais bien un nombre de fois représenté par c diminué de d : donc $a - b$ a été répété d fois de trop, et du produit précédent il faut retrancher $a - b$ multiplié par d, c'est-à-dire, $ad - bd$, d'où le produit définitif

$$ac - bc - ad + bd :$$

où l'on voit que les termes précédés ou censés précédés du signe *plus*, donnent un produit partiel ayant le signe *plus*; qu'un terme positif multiplié par un terme négatif, ou réciproquement, donne un produit négatif; qu'enfin le produit de deux termes négatifs est positif. Cette règle des signes s'énonce plus simplement de la manière suivante : Les termes de mêmes signes donnent un produit positif; et les termes de signes différents, un produit négatif.

Pour diviser un terme par un autre, il faut écrire le diviseur sous le dividende, en forme de fraction, et simplifier en supprimant les facteurs communs au numérateur et au dénominateur.

Si le terme qui divise est fractionnaire, on le renverse comme en arithmétique, et l'on multiplie. Ainsi, $\dfrac{a}{b}$ divisé par $\dfrac{c}{d}$ donne pour quotient $\dfrac{ad}{bc}$.

Quant à la règle des signes, elle est la même que pour la multiplication, c'est-à-dire que le quotient est positif si le dividende et le diviseur sont de même signe; et négatif, s'ils sont de signes différents.

La raison en est que le quotient multiplié par le diviseur doit reproduire le dividende avec son signe.

La règle des coefficients, et celle des exposants, ont été données plus haut. On divise les coefficients, haut et bas, par leur plus grand commun diviseur; et l'on retranche le plus petit exposant du plus grand, lorsqu'il se trouve une même lettre au numérateur et au dénominateur. Ajoutons qu'on peut aussi retrancher le plus grand exposant du plus petit, de manière à avoir un exposant négatif. Ainsi, la fraction $\dfrac{a^2b}{a^5c}$ peut prendre l'une des deux formes suivantes

$$\frac{b}{a^{5-2}c} = \frac{b}{ac} \quad \text{et} \quad \frac{a^{2-5}b}{c} = \frac{a^{-3}b}{c} \,.$$

En général, pour faire passer du numérateur au dénominateur, ou vice versâ, une lettre quelconque, il suffit de changer le signe de son exposant. Par exemple,

$$\frac{1}{a^2} = a^{-2} \,, \qquad \frac{b}{c} = bc^{-1} = \frac{c^{-1}}{b^{-1}} \,.$$

Quand le dividende et le diviseur sont des polynomes, le quotient s'exprime de même en prenant le premier pour numérateur et le second pour dénominateur, puis supprimant les facteurs communs aux deux termes de la fraction. Quelquefois, on opère la division comme pour les nombres, à l'aide de divisions partielles et successives. Dans ce cas, on *ordonne* les deux polynomes suivant une lettre commune; c'est-à-dire qu'on range les termes de chacun suivant l'ordre des exposants de cette lettre. Si l'on avait $5ab^2 - 7a^2b + 2a^3 - b^3$ à diviser par $b^2 - 3ab + a^2$, on ordonnerait ces deux polynomes par rapport à la lettre a, par exemple, de la manière suivante :

$$
\begin{array}{l|l}
\text{dividende} \quad 2a^3 - 7a^2b + 5ab^2 - b^3 & a^2 - 3ab + b^2 \ \text{diviseur} \\
\quad\quad\quad -2a^3 + 6a^2b - 2ab^2 & \overline{2a - b} \ \text{quotient} \\
\hline
1^{\text{er}} \text{ reste} \quad\quad - a^2b + 3ab^2 - b^3 & \\
\quad\quad\quad\quad + a^2b - 3ab^2 + b^3 & \\
\hline
\quad 2^{\text{e}} \text{ reste} \quad\quad\quad 0 &
\end{array}
$$

On diviserait le premier terme $2a^3$ du dividende par le premier terme a^2 du diviseur, d'où le quotient partiel $2a$. Multipliant le diviseur total par ce quotient partiel, et retranchant le produit du dividende, on aura le premier reste $-a^2b + 3ab^2 - b^3$. Divisant le premier terme $-a^2b$ de ce reste par le premier terme a^2 du diviseur, il viendrait $-b$ pour second quotient partiel. Multipliant le diviseur par ce second quotient partiel, et retranchant le produit du reste précédent, on obtiendrait 0 pour second reste, en sorte que $2a - b$ serait le quotient total et exact, que l'on cherchait, puisque le produit du diviseur par ce quotient total s'est trouvé précisément égal au dividende.

XXV.

RÉSOLUTION DES ÉQUATIONS DU PREMIER DEGRÉ A UNE ET A PLUSIEURS INCONNUES.

On nomme *équation* l'égalité de deux expressions algébriques, monomes ou polynomes, renfermant en général des quantités connues mêlées à des quantités inconnues. Exemple :

$$ax - \frac{bx}{c} + a = 8 - \frac{2x}{a}$$

Tout ce qui est à gauche du signe *égal* se nomme le *premier membre* de l'équation ; et tout ce qui est à droite, le *second membre*.

Résoudre une équation, c'est arriver, par des transformations successives, à n'avoir que l'inconnue x dans le premier membre, et des quantités toutes connues dans le second membre. Pour cela il faut :

1° Faire disparaître les dénominateurs en multipliant tous les termes de l'équation par chacun des dénominateurs. Dans l'équation donnée ci-dessus, il faudra donc tout multiplier par c, d'où

$$acx - bx + ac = 8c - \frac{2cx}{a} \; ;$$

et tout multiplier par a, d'où

$$a^2cx - abx + a^2c = 8ac - 2cx \; .$$

2° Passer dans le premier membre tous les termes qui renferment l'inconnue x ; et dans le second membre, tous les termes qui ne renferment que des quantités connues ou censées connues. L'équation précédente devient alors

$$a^2cx - abx + 2cx = 8ac - a^2c \; ,$$

car, par exemple, on augmentera le second membre en y supprimant le terme négatif $2cx$; et, pour ne pas troubler l'égalité des deux membres, il faudra écrire ce même terme positivement dans le premier membre. Sans aller plus loin, on voit que la règle à suivre est de changer le signe du terme que l'on passe d'un membre dans un autre.

3° Mettre l'inconnue x en facteur commun dans le premier membre, et faire les réductions des termes semblables, d'où

$$(a^2c - ab + 2c)x = 8ac - a^2c .$$

4° Enfin, diviser les deux membres de l'équation par le facteur général de x, d'où

$$x = \frac{8ac - a^2c}{a^2c - ab + 2c} .$$

Maintenant il n'y a plus qu'à prendre pour a, b, c, des valeurs numériques arbitraires, à faire les calculs indiqués par le second membre de cette formule, ce qui conduira à une valeur numérique de x.

Pour résoudre les problèmes à plusieurs inconnues, il faut avoir autant d'équations distinctes qu'il y a de ces inconnues. En désignant celles-ci par x, y, z, etc., on commence par réunir en un seul tous les termes qui contiennent x ; de même pour y, pour z, etc. On passe ces termes dans le premier membre de chaque équation : et dans le second membre, les termes qui ne sont formés que de quantités connues, termes que l'on désigne, pour abréger, par une seule lettre. Alors ces équations prennent la forme

$$ax + by + cz + \ldots = m$$
$$a'x + b'y + c'z + \ldots = m'$$
$$a''x + b''y + c''z + \ldots = m'' ,$$

et ainsi des autres.

Soit, pour exemple, deux équations à deux inconnues, ramenées à la forme générale ci-dessus,

$$ax + by = m$$
$$a'x + b'y = m' .$$

On commence par *éliminer* l'une des inconnues, y par exemple; c'est-à-dire que l'on cherche une équation dérivée des deux proposées, dans laquelle il n'y ait que x et des quantités connues. A cet effet, on suit plusieurs méthodes, qui, au fond, sont les mêmes. La premiere consiste à tirer des deux équations la valeur de y, savoir

$$y = \frac{m - ax}{b} \quad , \quad y = \frac{m' - a'x}{b'} \quad .$$

puis on égale ces deux valeurs de y, d'où

$$\frac{m - ax}{b} = \frac{m' - a'x}{b'} \quad ,$$

équation qui ne contient plus que x et des quantités connues. Une autre méthode d'élimination consiste à multiplier toute la première équation proposée par le coefficient b' de y dans la seconde, et à multiplier de même celle-ci par le coefficient b de y dans la première, d'où

$$ab'x + bb'y = mb'$$
$$a'bx + bb'y = m'b \quad .$$

Retranchant membre à membre, les termes en y disparaissent comme étant égaux, et il reste

$$ab'x - a'bx = mb' - m'b \quad ,$$

ou
$$(ab' - a'b)x = mb' - m'b \quad ,$$

d'où enfin
$$x = \frac{mb' - m'b}{ab' - a'b} \quad ,$$

valeur de x, à laquelle on serait également arrivé par la première méthode d'élimination. Maintenant que l'on connaît x, on met sa valeur dans l'une des équations proposées, qui, ne contenant plus d'inconnue que y, fera connaître sa valeur.

Sans aller plus loin, on voit que, pour résoudre autant d'équations qu'on voudra, il faut, en suivant l'une ou l'autre méthode d'élimination données tout à l'heure, éliminer l'une des inconnues, d'abord entre la première et la seconde équation, puis entre celle-ci et la troisième, et ainsi de suite; ou bien, en combinant arbitrairement les équations deux à deux, de manière à arriver à des équations distinctes, et en même nombre que les inconnues non éliminées. Entre ces équations, on éliminera une seconde inconnue; et ainsi de suite, jusqu'à ce qu'on parvienne à une équation contenant une seule inconnue, qui pourra être alors déterminée. On portera ensuite la valeur de cette inconnue dans l'une des deux précédentes équations à deux inconnues, pour déterminer celle qui restera après cette substitution. On portera les valeurs de ces deux inconnues, déjà trouvées, dans l'une des trois équations précédentes, et ainsi de suite, jusqu'à ce qu'on arrive aux équations proposées, dans l'une desquelles on mettra les valeurs de toutes les inconnues moins une, d'où enfin la valeur de cette dernière inconnue.

Jusqu'à présent nous avons supposé que les inconnues ne se trouvaient ni élevées à des puissances, ni multipliées l'une par l'autre. Dans ce cas, les équations où elles entrent sont dites du *premier degré*. Rien de plus facile alors que de résoudre ces équations par éliminations successives. La seule difficulté sérieuse consiste à mettre le problème en équations. Pour y arriver, il faut représenter les inconnues par x, y, z, etc.; puis raisonner sur ces lettres et sur les nombres donnés par la question ou sur les lettres qui représentent ces nombres, comme si, connaissant la solution cherchée, on voulait la vérifier, c'est-à-dire, s'assurer que les valeurs assignées aux inconnues satisfont à toutes les conditions du problème. L'usage seul peut aplanir cette difficulté.

COSMOGRAPHIE.

XXVI.

1. MOUVEMENT DIURNE DU CIEL. — 2. HORIZON. — 3. PÔLES. — 4. MÉRIDIEN. — 5. JOUR SIDÉRAL.

1. Mouvement diurne du ciel.

A quelques exceptions près, les astres que nous voyons briller au ciel conservent entre eux les mêmes positions respectives et les mêmes distances angulaires. Tous ces astres paraissent comme fixés sur la voûte des cieux; et la sphère étoilée tourne continuellement de l'Est à l'Ouest, achevant chaque jour une révolution. Ainsi, les astres paraissent se lever pour monter, s'abaissent ensuite pour se coucher, et reparaissent le lendemain pour suivre le même chemin que la veille.

Bien que chaque étoile participe au mouvement diurne du ciel, néanmoins elles ne font pas des chemins d'égale longueur. En d'autres termes, les étoiles parcourent des circonférences de cercles qui vont s'agrandissant depuis deux points opposés du ciel, où ils sont de rayons très-petits, jusqu'à égales distances de ces deux points, où le rayon est le plus grand possible. Tous ces cercles sont parallèles entre eux.

2. Horizon.

On appelle horizon le contour du ciel étoilé, là où il semble s'appuyer sur la terre. C'est la ligne de séparation apparente de la terre et du ciel. Tous les astres que l'on voit actuellement sont dits *au-dessus de l'horizon*, et tous les autres sont réputés *au-dessous de l'horizon*. Les premiers sont dits *levés*, et les autres *couchés*. Ils se *lèvent*, quand ils passent de dessous en dessus; ils se *couchent*, lorsqu'ils vont de dessus en dessous. Mais il ne faudrait pas croire que l'horizon partage en deux portions égales le chemin diurne de chaque étoile. En général ces deux portions sont très-inégales, et d'autant plus que l'étoile se trouve plus près de l'un des deux points où le mouvement diurne s'évanouit. Bien plus, des étoiles, jusqu'à une certaine distance de l'un de ces points, restent continuellement sur l'horizon, tandis que les étoiles, jusqu'à une même distance de l'autre point, ne paraissent jamais sur l'horizon. Mais toutes ces apparences se modifient quand le spectateur change de place à la surface du globe, parce qu'alors son horizon n'est plus le même, c'est-à-dire correspond à d'autres régions du ciel. Cependant cet horizon coupe toujours le ciel en deux parties égales.

La *verticale* est une droite perpendiculaire au cercle horizontal. Tandis que la surface des eaux tranquilles, en chaque point de la terre, est parallèle à l'horizon dont le centre est à ce point, la verticale se confond avec le fil à plomb, qui se maintient toujours dans une direction perpendiculaire à la surface de l'eau.

Le prolongement de la verticale *au-dessus* de l'horizon va percer la voûte des cieux en un point qui est le *zénith* du spectateur. Ce zénith ne correspond pas toujours à la même étoile, mais il se trouve sans cesse en un point d'un même cercle décrit par cette étoile dans son mouvement diurne.

Le prolongement de la verticale *au-dessous* de l'horizon, c'est-à-dire à travers la terre, va sortir par la face opposée et percer la voûte des cieux en un point que l'on nomme *nadir*.

3. Pôles.

L'*axe de rotation* du ciel est la droite idéale, menée entre les deux points où le mouvement diurne paraît s'évanouir. C'est comme un axe fixe, autour duquel toute la sphère étoilée complète chaque jour une révolution. Tous les centres des cercles décrits par les étoiles sont sur cet axe; et les plans de ces cercles lui sont perpendiculaires.

Les *pôles* du monde sont les deux extrémités de cet axe. Alors on peut dire que ce sont les pôles de chacun des cercles décrits par les étoiles dans leur mouvement diurne. L'un est le pôle *septentrional*, ou *boréal*, ou *nord*, c'est celui que nous voyons. L'autre est le pôle *méridional*, ou *austral*, ou *sud*; c'est celui qui est sous notre horizon, et que par conséquent nous ne pourrions voir sans nous déplacer considérablement à la surface de notre globe.

L'*équateur céleste* est le plus grand des cercles perpendiculaires à l'axe du monde. Il est à égales distances des deux pôles, et partage le ciel en deux portions égales, l'une septentrionale et l'autre méridionale; la première du côté du pôle nord et la seconde du côté du pôle sud.

Tous les autres cercles perpendiculaires à l'axe du monde, que décrivent les étoiles dans leur mouvement diurne, sont parallèles à l'équateur et parallèles entre eux. Ils forment, avec l'équateur lui-même, le système des cercles parallèles, ou simplement dits des *parallèles*.

4. Méridiens.

Les *méridiens* sont les plans menés suivant l'axe du monde et tout autour de celui-ci. Tous les méridiens s'entre-croisent le long de cet axe et aux deux pôles du monde. Ils coupent perpendiculairement tous les cercles parallèles.

Chaque méridien céleste participe au mouvement diurne de la sphère étoilée; et durant une révolution complète, il vient se placer perpendiculairement à l'horizon d'un spectateur, en passant par la verticale du lieu, une première fois le jour, et une seconde fois la nuit, à douze heures d'intervalle.

Si l'on considère séparément les deux moitiés d'un même cercle méridien, l'une des moitiés atteint la verticale du lieu dans la direction du zénith, alors que l'autre moitié atteint cette verticale dans la direction du nadir, et *vice versa*, à un demi-jour d'intervalle.

Si maintenant on considère comme fixe le demi-cercle mené par la verticale du spectateur et par l'axe du monde, ou ce qu'on appelle le *méridien du lieu* de l'observateur, les demi-méridiens du ciel viendront tour à tour coïncider avec le premier; et les étoiles placées sur un même demi-méridien céleste *traverseront* en même temps ce méridien fixe, en effectuant ce qu'on appelle leur *passage au méridien*.

5. Jour sidéral.

L'intervalle de temps qui s'écoule entre deux passages successifs d'une même étoile au méridien de l'observateur forme un *jour sidéral*. Il est le même pour toutes les étoiles, quelle que soit l'étendue de leur cercle diurne; et il est rigoureusement le même à tous les jours de l'année, et pour toutes les époques tant passées que futures.

XXVII.

1. PREUVES DE LA RONDEUR DE LA TERRE. — 2. PÔLES TERRESTRES. — 3. ÉQUATEUR. — 4. MÉRIDIENS. — 5. PARALLÈLES. — 6. LATITUDES ET LONGITUDES. — 7. COMMENT A-T-ON PU RECONNAÎTRE L'APLATISSEMENT DE LA TERRE?

1. Preuves de la rondeur de la terre.

La Terre, formée d'un noyau solide, recouvert partiellement par les eaux de l'océan, et environnée d'air de tout côté, est une masse isolée qui ne tient à rien, qui ne repose sur rien, mais qui se meut dans l'espace en décrivant chaque année une orbite elliptique autour du Soleil; et chaque jour tournant sur elle-même. Ces deux mouvements, de translation et de rotation, s'opèrent de l'Ouest à l'Est.

La rondeur de la Terre, dans son ensemble, se révèle par la forme exactement circulaire de l'horizon lorsque le spectateur s'élève un peu au-dessus de la surface. Quand le spectateur est placé sur un navire qui s'approche de la terre ferme, il commence par apercevoir les points les plus élevés de la côte; peu à peu les objets paraissent s'élever au-dessus de l'horizon, et c'est en abordant que l'on voit enfin la base des habitations situées tout près du rivage. Quant au spectateur placé sur ce rivage, il voit d'abord le sommet des mâts du navire, qui semble sortir du sein des eaux, et ne montre qu'en dernier lieu sa ligne de flottaison.

Durant les voyages de circumnavigation, on se dirige autant que le permet la configuration du bassin des mers dans un seul et même sens, et l'on finit par se retrouver au point de départ, après avoir fait ce qu'on appelle le *tour du monde*.

Dans les éclipses de lune, alors que l'ombre de la Terre se projette sur cet astre, on voit le contour de cette ombre comme un arc appartenant à un cercle d'un diamètre triple de celui de la Lune.

2. Pôles terrestres.

Le mouvement diurne des étoiles, qui les porte d'Orient en Occident, n'est qu'apparent; il résulte d'un mouvement effectif de rotation de la Terre, qui s'effectue en sens contraire, c'est-à-dire d'Occident en Orient. L'axe de rotation de la sphère étoilée est en réalité l'axe de rotation du globe, prolongé en dehors de sa masse, de part et d'autre, jusqu'à une distance illimitée. Les deux points où cet axe perce la surface terrestre sont les pôles de la Terre, placés en regard des pôles du monde et sur la même droite.

2. Équateur.

Si, par le centre de la Terre supposée sphérique, on conçoit mené un plan perpendiculaire à l'axe, ce plan sera celui de l'*équateur terrestre*, lequel prolongé indéfiniment en dehors du globe donnera le plan de l'équateur céleste. La *ligne équatoriale*, ou simplement l'*équateur*, est l'intersection de la surface terrestre par ce plan, intersection qui forme une circonférence de cercle également distante des deux pôles. Cette circonférence équatoriale partage donc la surface du globe en deux parties égales ou *hémisphères*, l'une dite *septentrionale* ou *boréale*, et l'autre *méridionale* ou *australe*.

3. Méridiens.

Les *méridiens* terrestres sont des cercles menés par les deux pôles. Leurs plans comprennent l'axe de la terre, et coupent la surface du globe suivant des lignes peu différentes d'une circonférence de cercle. Par chaque point de la surface terrestre, on peut donc imaginer une pareille courbe méridienne.

Les plans des méridiens terrestres, indéfiniment prolongés, sont les plans des méridiens célestes, mais avec cette circonstance que, durant une révolution diurne, chaque méridien terrestre coïncide successivement avec tous les méridiens célestes, et réciproquement, chaque méridien céleste passe, en un jour, par tous les méridiens terrestres. Ici l'on considère chaque méridien complet ou circulaire comme partagé en deux parties semi-circulaires et diamétralement opposées.

L'intersection du plan de l'horizon par le méridien du lieu est ce qu'on nomme la *ligne Nord-Sud*, ou la *ligne méridienne*. En traçant sur l'horizon une droite perpendiculaire à celle-là, on aura la *ligne Est-Ouest*, ou la *perpendiculaire*.

La ligne méridienne et sa perpendiculaire partagent le tour de l'horizon en quatre, et fixent ainsi les *quatre points cardinaux*, Nord, Est, Sud et Ouest. Les milieux des intervalles se nomment Nord-Est, Sud-Est, Sud-Ouest et Nord-Ouest. Le milieu de l'intervalle entre le Nord et le Nord-Est est le Nord-Nord-Est, et ainsi des autres directions, au nombre total de seize, qui se subdivisent encore chacune en deux, formant ainsi trente-deux directions, la *rose des vents* en terme de marine.

5. Parallèles.

Les *parallèles* terrestres sont des plans menés parallèlement à celui de l'équateur, ou perpendiculairement à l'axe. Leurs intersections avec la surface terrestre sont des circonférences de cercle, qui vont en diminuant, de part et d'autre de l'équateur, jusqu'à l'un et à l'autre pôle.

Si l'on prolongeait les plans des parallèles terrestres, on ne retrouverait pas même à l'infini les parallèles célestes, parce qu'en effet le diamètre de notre globe est comme nul relativement aux espaces célestes.

Pour établir cette corrélation des parallèles terrestres et célestes, on suit une autre marche. On suppose prolongés indéfiniment les rayons terrestres menés aux différents points de la surface. Alors, par suite du mouvement diurne de la terre, toutes ces droites décrivent autant de surfaces coniques, qui ont toutes pour axe de figure l'axe de rotation du monde. Les intersections de la surface terrestre par ces surfaces coniques, sont les parallèles terrestres; et les intersections correspondantes de la sphère étoilée par ces mêmes surfaces coniques sont les parallèles célestes.

6. Latitudes et longitudes.

Pour déterminer la position d'un point à la surface terrestre, il faut donner le méridien et le parallèle qui s'entrecoupent en ce point.

Les méridiens, ou plutôt les demi-cercles méridiens se comptent à partir de l'un d'eux, pris arbitrairement pour origine. Jadis on comptait les méridiens à partir du méridien de l'île de Fer, appartenant à l'archipel des Canaries. Aujourd'hui l'on prend pour premier méridien celui de l'Observatoire de Paris, ou de l'Observatoire de Greenwich en Angleterre, ou de tout autre observatoire remarquable par certains travaux astronomiques. Les méridiens se comptent à partir de cette origine, soit en allant vers l'Est, jusqu'à 180 degrés, soit en allant vers l'Ouest d'un pareil nombre de degrés; ces 360 degrés se comptant, pour plus de commodité, le long de l'équateur, et se divisant chacun en 60 minutes, et chaque minute en 60 secondes. Le nombre de degrés, minutes et secondes, qui séparent le premier méridien de celui qui passe par le point en question, forme ce qu'on appelle la *longitude* du point, longitude *orientale*, ou *occidentale*, suivant qu'elle est comptée vers l'Orient ou vers l'Occident.

Quant aux parallèles, on les compte toujours à partir de l'équateur, et en allant soit vers le pôle nord, soit vers le pôle sud, en comptant jusqu'à 90 degrés le long du méridien. Le nombre de degrés, minutes et secondes, qui séparent ainsi l'équateur du parallèle mené par le lieu en question, est ce qu'on nomme la *latitude* de ce lieu, latitude *septentrionale* ou *boréale* du côté du Nord, latitude *méridionale* ou *australe* du côté du Sud.

Appliqués à cet usage, les méridiens et les parallèles terrestres portent les noms de *cercles de longitude* et *cercles de latitude*. Mais, dans le ciel, les lignes méridiennes et parallèles, servant à déterminer les positions des étoiles, portent les noms de *cercles d'ascension droite* et *cercles de déclinaison*.

On représente sur un globe la configuration des terres et des mers. Ce globe peut tourner autour d'un axe réel, qui passe par son centre, et représente l'axe idéal de la Terre. Cet axe est armé, au pôle Nord, d'une aiguille transversale, qui parcourt un petit cercle divisé en 24 parties égales, correspondantes aux 24 heures de la révolution diurne. On y ajoute un cercle méridien, mobile autour des pôles, et un horizon fixe.

A l'aide d'un pareil globe, on résout divers problèmes sur les longitudes et les latitudes, sur les instants relatifs du midi en des lieux déterminés, sur les levers et les couchers du soleil à diverses latitudes et aux différentes époques de l'année, enfin sur la durée des jours et des nuits a toute latitude et en toute saison.

On représente aussi la surface terrestre sur des cartes planes. Alors il y a plusieurs manières de tracer les méridiens et les parallèles, c'est-à-dire de faire la *projection* de la sphère sur le plan.

La projection la plus ordinaire est celle que l'on nomme *stéréographique*. Pour tracer les parallèles, on divise un méridien $PEP'E'$ (fig. 92) de 10 en 10 degrés par exemple; puis, par le point E de l'équateur, on mène des droites à chaque point de division du demi-méridien PEP', par exemple au point A, la droite AE, qui rencontre en a la ligne PP' des pôles. Par le point a et par les deux points de division correspondants A et A', on mène un arc AaA' d'un cercle dont le centre se trouve sur le prolongement de l'axe PP'. Cet arc est la projection d'un parallèle, et toutes les autres se trouvent de la même manière. Quant aux méridiens, on les obtient en menant, de l'un des pôles P, des droites aux points de division du demi-méridien $EP'E'$; ainsi la droite BP, menée au point B, coupe l'équateur en b, et il s'agit de faire passer par les trois points P, b, P' un arc de cercle, qui sera décrit d'un centre placé sur EE' ou sur son prolongement. La projection stéréographique a cet avantage que tous les cercles, grands ou petits, tracés sur la sphère, sont représentés dans le plan par d'autres cercles, qui se coupent aussi sous les mêmes angles que sur la sphère.

Mais pour les cartes marines, on emploie de préférence la projection dite de Mercator. Ici, l'équateur est représenté par une droite EE' (fig. 93); les méridiens, par des droites MM, $M'M'$, $M''M''$, etc., perpendiculaires à EE' et équidistantes entre elles; les parallèles,

par des droites PP , P'P' , P"P" , etc., parallèles à EE' , et es-
pacées de telle manière que toute surface telle que *abcd* , bornée
par deux méridiens et deux parallèles très-voisins, soit semblable à
la surface correspondante sur la sphère. Or, comme ces petites surfaces sont de plus en plus allongées dans le sens du méridien, à mesure qu'on se rapproche des pôles de la sphère, elles seront aussi de
plus en plus allongées sur le plan. Il arrive ainsi que les régions polaires prennent, sur la carte de Mercator, un développement excessif;
mais les marins y trouvent cet avantage que la route d'un navire qui
a croisé les méridiens sous un angle constant, et qui en apparence a
marché en ligne droite, se trouve figurée par une droite AB sur le
plan, puisque cette droite coupe les méridiens sous un angle égal pour
tous.

7. Comment a-t-on pu reconnaître l'aplatissement de la terre ?

La Terre ayant à peu près la forme d'une sphère, on peut supposer
que l'équateur et les méridiens y soient des cercles d'un rayon constant et égal à celui de la sphère elle-même. Dans les anciennes mesures itinéraires le degré de l'équateur se divisait en 25 *lieues communes* ou en 20 *lieues marines*. A ce compte il y avait 9 000 lieues
communes, ou 7 200 lieues marines dans les 360 degrés de l'équateur
ou d'un méridien. En divisant ces deux nombres, qui expriment la
circonférence du globe, par le rapport approximatif $\frac{22}{7}$ du diamètre
à la circonférence, on trouve environ 2 864 lieues communes et
2 294 lieues marines pour le diamètre de la Terre, et par suite
1 432 lieues communes et 1 145 lieues marines pour son rayon.

D'après le système métrique, il y aurait 40 millions de mètres dans
le tour de la Terre, ce qui donnerait 12 727 272 mètres pour le diamètre et 6 363 636 mètres pour le rayon.

On a trouvé que les degrés d'un méridien terrestre ne sont pas égaux
en longueur ; qu'ils sont le plus petits près de l'équateur, et qu'ils
croissent à mesure qu'on se rapproche du pôle, l'accroissement étant
proportionnel au carré du sinus de la latitude. Ainsi le 90ᵉ degré de
latitude, qui touche au pôle, est de 877 mètres plus long que le
1ᵉʳ degré, qui touche à l'équateur.

Déjà auparavant on avait reconnu que la pesanteur croît de l'équateur au pôle d'une quantité suffisante pour se convaincre qu'on se rapproche alors du centre de la Terre. En effet, un pendule de longueur
invariable, marche plus vite dans le voisinage des pôles qu'à l'équateur, la différence étant de 225 secondes par jour, en sorte qu'aux pôles
la longueur du pendule à seconde doit être d'environ 5 millimètres
plus grande qu'à l'équateur.

Newton a démontré que si la Terre a été primitivement fluide, la rotation avait dû lui donner la forme d'un ellipsoïde aplati suivant l'axe; c'est-à-dire que le rayon polaire devait être plus court que le rayon équatorial.

La mesure d'un arc de méridien exige deux opérations distinctes. Il faut d'abord, par des observations astronomiques, déterminer la latitude aux deux extrémités de cet arc; ce qui donne, en prenant la différence des deux latitudes, le nombre de degrés, minutes et secondes de l'arc en question. Il faut ensuite, par des opérations analogues à celles de l'arpentage, mesurer la longueur de l'arc; ce que l'on effectue en suivant cet arc, une chaîne à la main; ou mieux, en mesurant une *base rectiligne*, sur laquelle on appuie un système de triangles dont on mesure les angles de proche en proche. Quand on a trouvé combien de toises ou de mètres contient l'arc total, on divise cette longueur par le nombre des degrés, et on a la valeur d'un degré ainsi exprimée en mesures connues.

De cette manière, on a trouvé que les degrés vont effectivement croissant de longueur, depuis l'équateur jusqu'au pôle; en sorte que la courbure de la Terre est plus forte près de l'équateur, et moindre dans les environs du pôle; ou en d'autres termes, que la Terre est aplatie au pôle et renflée à l'équateur.

De l'ensemble des mesures il résulte que l'aplatissement aux pôles est d'environ $\frac{1}{300}$; c'est-à-dire que si le rayon équatorial est pris pour 300, le rayon polaire ne sera que 299. Cela donne environ 4.7 lieues communes ou 21 000 mètres pour la différence de ces deux rayons, ou pour la valeur absolue de l'aplatissement à chaque pôle.

XXVIII.

1. MOUVEMENT PROPRE DU SOLEIL. — 2. ÉCLIPTIQUE. — 3. POINTS ÉQUINOXIAUX — 4. TROPIQUES. — 5. ZODIAQUE. — 6. EXPLICATION DES CLIMATS ET DES SAISONS.

1. Mouvement propre du soleil.

Le Soleil participe au mouvement diurne des étoiles; il se lève à l'Est et se couche à l'Ouest, et chaque jour son passage au méridien de l'observateur marque l'époque de *midi*.

Mais le Soleil jouit en outre d'un mouvement propre qui est en sens contraire du mouvement diurne, savoir de l'Ouest à l'Est. En effet, si l'on observe la position du Soleil à midi, relativement aux étoiles, le lendemain à pareille heure, il se trouvera plus avancé d'environ un degré vers l'Est ; et au bout de l'année il aura fait le tour du ciel étoilé : c'est ce qu'on appelle le *mouvement annuel* du Soleil.

2. Écliptique.

La route que le Soleil suit annuellement dans le ciel, par rapport aux étoiles, est ce qu'on appelle l'*Écliptique ;* courbe plane dont le plan est dit le *plan de l'écliptique.* Il est incliné sur le plan de l'équateur céleste d'un peu moins de 23 degrés et demi.

3. Points équinoxiaux.

L'intersection des plans de l'équateur et de l'écliptique est une droite que l'on nomme la *ligne des équinoxes*, et dont les deux extrémités déterminent dans le ciel les *points équinoxiaux*, ou simplement les *équinoxes*, dont l'un est l'*équinoxe du printemps*, et l'autre l'*équinoxe d'automne*, parce que le Soleil y arrive au commencement de ces deux saisons.

En allant de l'équinoxe du printemps à l'équinoxe d'automne, le Soleil passe au nord de l'équateur ; et il passe au sud de cette ligne, quand il va du second au premier point.

Le *solstice d'été* est le point de l'écliptique le plus éloigné de l'équateur vers le Nord ; et le *solstice d'hiver* est le point de l'écliptique le plus éloigné de l'équateur vers le Sud ; l'écart dans chaque sens étant égal à l'inclinaison de l'écliptique sur l'équateur. La droite menée d'un solstice à l'autre, ou ce qu'on nomme la *ligne des solstices*, est perpendiculaire à la ligne des équinoxes.

4. Tropiques.

Le parallèle mené par le solstice d'été se nomme le *tropique du Cancer ;* le parallèle mené par le solstice d'hiver, est le *tropique du Capricorne.* Ces deux cercles tropiquaux sont ainsi les parallèles menés à 23 degrés et demi de part et d'autre de l'équateur. On les imagine aussi tracés à la surface de la Terre.

5. Zodiaque

Si l'on mène de part et d'autre de l'écliptique, et à distances égales (de 15 degrés, par exemple), deux cercles parallèles à cette ligne, la bande du ciel comprise entre ces deux cercles parallèles, et dont le milieu est l'écliptique, est ce qu'on appelle le *zodiaque.*

Cette bande est occupée par douze constellations ainsi rangées de l'Ouest à l'Est : Le *Bélier*, le *Taureau*, les *Gémeaux*, l'*Écrevisse* ou *Cancer*, le *Lion*, la *Vierge*, la *Balance*, le *Scorpion*, le *Sagittaire*, le *Capricorne*, le *Verseau* et les *Poissons*.

Ces constellations n'occupent pas la même étendue sur le zodiaque; mais pour plus de commodité, on suppose que cette égalité ait lieu, et que les *signes du zodiaque* soient chacun de 30 degrés. Et comme ces noms ont été imposés par les Grecs, alors que le Bélier commençait à l'équinoxe de printemps, on a conservé la première place au *signe* du Bélier, bien que ce soit aujourd'hui la *constellation* des Poissons qui l'occupe effectivement. De cette manière le signe du Bélier correspond à la constellation des Poissons; le signe du Taureau à la constellation du Bélier, et ainsi de suite, chaque constellation ayant rétrogradé d'un signe.

6. Explication des climats et des saisons.

Pour les habitants de l'hémisphère nord de la Terre, la durée du jour ou de la présence réelle du soleil sur l'horizon, va en augmentant depuis le solstice du Capricorne jusqu'au solstice du Cancer, c'est-à-dire depuis le 22 décembre jusqu'au 21 juin. Pour les habitants de l'hémisphère sud, c'est tout le contraire; le 21 juin étant leur journée la plus courte, et le 22 décembre leur journée la plus longue. Dans tous les cas, la nuit est le complément du jour, leur somme faisant toujours à très-peu près une durée de 24 heures.

À l'époque des équinoxes, le jour est égal à la nuit; ou mieux, le soleil est 12 heures sur l'horizon, et 12 heures en dessous pour tous les habitants de la Terre.

L'inégalité des jours et des nuits durant l'année, est à peine sensible dans les environs de l'Équateur; mais, à mesure qu'on se rapproche de l'un ou de l'autre pôle, cette différence s'accroît. À 23 degrés et demi du pôle Nord, le jour est de 24 heures au solstice d'été, et la nuit est pareillement de 24 heures au solstice d'hiver. À 23 degrés et demi du pôle Sud, ces deux extrêmes arrivent à des époques inverses. Si l'on se rapproche encore plus de l'un ou de l'autre pôle, on a en été des jours sans nuits, et en hiver des nuits sans jours; tellement qu'aux pôles mêmes, il y a six mois de jours sans nuits et six mois de nuits sans jours.

Dans tout ce qui précède, on a fait abstraction de l'aurore et du crépuscule, ou de la lumière qui précède le lever et qui suit le coucher du Soleil. Cette lumière abrége d'autant plus les nuits effectives, qu'on se rapproche plus des pôles de la Terre.

Pour les habitants de l'hémisphère Nord, le printemps commence quand le soleil arrive à l'équinoxe de printemps; l'été commence au solstice d'été; l'automne, à l'équinoxe d'automne; et l'hiver, au solstice d'hiver. Ces quatre époques tombent communément aux 21 mars, 21 juin, 23 septembre et 22 décembre. Pour les habitants de l'hémisphère sud, le printemps arrive au 23 septembre, l'été au 22 décembre, l'automne au 21 mars et l'hiver au 21 juin.

Les climats sont caractérisés principalement par la température moyenne de l'année, et d'une manière secondaire, par les extrêmes de chaud et de froid, soit d'une saison à l'autre, soit du jour à la nuit. En général, le même climat ne règne pas tout le long d'un même parallèle, les différences y étant parfois très-considérables. Il y a des climats chauds, tempérés ou froids, humides ou secs, enfin réguliers ou excessifs, c'est-à-dire peu variables ou très-variables durant l'année.

La surface terrestre peut se diviser en cinq zones principales de la manière suivante.

La *zone torride*, comprise entre le parallèle nord de 23 degrés et demi, et le parallèle sud de 23 degrés et demi, qui sont les tropiques du Cancer et du Capricorne menés à la surface du globe.

La *zone tempérée septentrionale*, comprise entre le tropique du Cancer et le parallèle mené à 23 degrés et demi du pôle nord; parallèle que l'on nomme *cercle polaire arctique*.

La *zone tempérée méridionale*, entre le tropique du Capricorne et le parallèle à 23 degrés et demi du pôle sud, qui est le *cercle polaire antarctique*.

La *zone glaciale nord*, du cercle polaire arctique au pôle nord.

Enfin la *zone glaciale sud*, du cercle polaire antarctique au pôle sud.

Durant toute l'année, le Soleil ne quitte pas les verticales de la zone torride. Il y a constamment jour et nuit en 24 heures dans les zones tempérées. Enfin il y a des jours et des nuits de plus de 24 heures dans les zones glaciales. Les épithètes *torride*, *tempérée* et *glaciale*, indiquent l'état de température particulier à ces différentes zones.

Il y a 92 jours, du 21 mars au 21 juin, durée de notre printemps; 94 jours, jusqu'au 23 septembre, pour l'été; 90 jours, jusqu'au 22 décembre, pour l'automne; 89 jours, jusqu'au 21 mars, pour l'hiver.

Le printemps et l'été forment donc un total de 186 jours: tandis que l'automne et l'hiver ne forment qu'une période de 179 jours; la différence des deux périodes étant ainsi de 7 jours.

Les habitants de l'hémisphère sud ont, au contraire, 7 jours de plus pour l'automne et l'hiver que pour le printemps et l'été. Mais on démontre qu'il y a compensation dans l'effet calorifique, le Soleil étant le plus proche de la Terre vers la fin de décembre, et le plus loin vers la fin de juin.

XXIX.

1. INÉGALITÉS DES JOURS SOLAIRES. — 2. JOUR MOYEN. — 3. ANNÉE SIDÉRALE
ET ANNÉE TROPIQUE. — 4. ANNÉE CIVILE. — 5. CALENDRIERS JULIEN
ET GRÉGORIEN.

1. Inégalité des jours solaires.

On a vu que le Soleil s'avance le long de l'écliptique, d'Occident en Orient, de manière à faire chaque jour environ un degré. Mais en réalité ce mouvement n'est pas uniforme, et de plus sa direction est diversement inclinée sur l'équateur. En effet, le Soleil marche plus vite au périgée, qui est sa position la plus proche de la Terre, et il va moins vite à l'apogée, alors qu'il est le plus éloigné de la Terre, son mouvement s'effectuant sur une ellipse, et non sur une circonférence de cercle. Aux équinoxes, la direction suivie par le Soleil est inclinée de 23 degrés et demi sur l'équateur, tandis que cette direction est sensiblement parallèle à l'équateur aux environs des solstices.

Par ces deux circonstances, le jour solaire n'est pas d'une égale durée, puisqu'il se compose du jour sidéral qui est constant, et d'une partie variable, savoir de l'arc parcouru dans ce temps par le Soleil, décomposé parallèlement à l'équateur, et réduit en temps.

2. Jour moyen.

Tandis que le Soleil réel marche dans son orbite, de manière à produire des jours inégaux, qu'il serait très-incommode de prendre pour la mesure du temps, on suppose un Soleil, marchant uniformément le long de l'équateur, de manière à produire des jours égaux, partant du périgée en même temps que le Soleil vrai, savoir le 25 décembre, le rejoignant au 16 avril, au 16 juin à l'apogée, puis enfin au 1ᵉʳ septembre.

Le *jour moyen* est alors le temps qui s'écoule entre deux retours successifs de ce Soleil fictif au méridien de l'observateur, et est donné par la marche d'une pendule.

Le temps vrai et le temps moyen s'accordent donc aux quatre époques de l'année donnée ci-dessus. Du 25 décembre au 16 avril, le temps vrai est en retard sur le temps moyen ; du 16 avril au 16 juin, il est en avance ; du 16 juin au 1ᵉʳ septembre, en retard ; du 1ᵉʳ septembre au 25 décembre, en avance. La plus grande différence est de 48 minutes.

3. Année sidérale et année tropique.

L'*année tropique* est le temps qui s'écoule entre deux passages successifs du Soleil par l'équinoxe de printemps.

L'*année sidérale* est le temps qui s'écoule entre deux passages successifs du Soleil devant la même étoile.

Pour comprendre quelle différence existe entre ces deux espèces d'années, il faut savoir que l'équinoxe ne conserve pas une même position parmi les étoiles, mais se déplace chaque année dans un sens contraire à l'ordre des signes du zodiaque. Cette *rétrogradation* de l'équinoxe se fait donc d'Orient en Occident; elle est très-lente et seulement de 50 secondes d'arc par année. Cependant elle a fait 30 degrés, ou un signe du zodiaque, depuis les âges anciens; en sorte que l'équinoxe du printemps, qui alors se trouvait dans la constellation du bélier, se trouve maintenant dans celle des poissons. A ce compte, l'équinoxe fera le tour du ciel en 26 mille ans.

L'année sidérale est donc plus longue que l'année tropique, de tout le temps que le Soleil met à parcourir l'arc de rétrogradation de 50 secondes, c'est-à-dire de 20 minutes 20 secondes de temps.

En effet, l'année sidérale est de 365 jours 6 heures 9 minutes 11,5 secondes, et l'année tropique de 365 jours 5 heures 48 minutes 51,6 secondes, en *temps moyen* que nous avons expliqué.

4. Année civile.

L'année civile commence à minuit du 1er janvier, jour de la circoncision de J. C. Les années se comptent à partir de la naissance de J. C. qui est l'*ère vulgaire*. Mais avant le VIe siècle, l'année commençait à l'équinoxe de printemps : ainsi l'avait décidé le concile de Nicée; et longtemps auparavant, Jules César, réformateur du calendrier romain.

5. Calendriers Julien et Grégorien.

Dans ce premier calendrier, nommé *calendrier julien*, il y avait 3 années successives, chacune de 365 jours, suivies d'une quatrième année de 366 jours dite *bissextile*, parce qu'on doublait alors le *sixième* jour avant les calendes de mars. L'année astronomique était, par conséquent, supposée de 365 jours et un quart, ce qui est un peu plus que l'année réelle mesurée par les astronomes de nos jours.

Il arriva donc que le calendrier julien resta en arrière de la marche réelle du Soleil; et en 1582 de l'ère vulgaire, le retard était de 10 jours. Le pape Grégoire XIII opéra la réforme du calendrier, en décidant que le lendemain du 4 octobre 1582 serait le 15 du même mois, et en omettant 3 jours bissextiles tous les 4 siècles. Dans ce système, les années dont la date est divisible par 4 sont bissextiles; mais ne sont pas bissextiles les années séculaires 1700, 1800, 1900, dont les centaines ne sont pas divisibles par 4.

Ce calendrier dit *grégorien* fut successivement adopté par tous les peuples chrétiens, excepté par les Grecs et les Russes, qui suivent encore le calendrier julien, lequel se trouve maintenant de 12 jours en arrière sur le calendrier grégorien.

La Lune fixe la position dans le calendrier de certaines solennités religieuses. Méthon, géomètre athénien, trouva, 433 ans avant J. C., que 235 lunaisons font juste 19 ans. Ce résultat remarquable fut gravé sur le marbre en lettres d'or, et cette période de 19 ans forme ainsi ce qu'on appelle le *cycle d'or*.

Le concile de Nicée avait décidé que le jour de Pâques serait le premier dimanche après la pleine lune qui arrive à l'équinoxe de printemps ou après, la lune étant considérée dans son plein quatorze jours après son renouvellement. On retrouve cette date par le cycle d'or, en faisant des années lunaires de 12 ou de 13 mois, celles-ci étant les années 3, 6, 9, 11, 14, 17 et 19 du cycle. On donne 30 jours aux mois impairs et 29 aux mois pairs, dans les années de 12 lunaisons; mais le calcul est plus compliqué dans les années de 13 lunaisons.

Pour avoir le *nombre d'or*, ou l'année du cycle de 19 ans, comme il est censé avoir commencé un an avant l'ère vulgaire, pour l'année 1848, par exemple, il faudra diviser 1849 par 19, d'où le quotient 97 et le reste 6 pour nombre d'or ; et par suite une année lunaire de 13 mois.

L'*épacte* est l'âge de la Lune au commencement de l'année. Pour 1848, elle est de 25, et va croissant de 11 jours environ par année.

Le premier jour de l'année reçoit la lettre A, le second la lettre B, et ainsi de suite jusqu'au 7ᵉ jour, désigné par G. Alors le 8ᵉ jour reprend la lettre A. La lettre qui tombe aux dimanches est dite la *lettre dominicale*. Mais dans les années bissextiles cette lettre ne sert que jusqu'au 24 février inclusivement, et l'on prend la précédente pour les dimanches qui viennent après. Ainsi B se trouve être la lettre dominicale en 1848 jusqu'au 24 février, et se trouve ensuite remplacée par A.

Dans le calendrier julien, les jours qui commencent l'année reviennent périodiquement suivant le même ordre, tous les 28 ans; c'est le *cycle solaire*, produit des 7 jours de la semaine par les 4 années de la période bissextile. On la conserve dans le calendrier grégorien, sauf à en changer l'ordre 3 fois en 4 siècles. L'année 1848 est la 9ᵉ de ce cycle.

L'*indiction romaine* est une période de 15 ans, dont on ne connaît ni l'origine ni la cause. Elle est 6 en 1848.

Le calendrier se compose de la série des jours de l'année, distribués par saisons, par mois et par semaines.

La semaine se compose de 7 jours : le *lundi*, consacré jadis à la Lune ; le *mardi*, à Mars ; le *mercredi*, à Mercure ; le *jeudi*, à Jupiter, le *vendredi*, à Vénus ; le *samedi*, à Saturne : le *dimanche* (en allemand *Sontag*, jour du soleil).

Les mois de l'année sont *janvier*, qui a 31 jours ; *février*, qui en a 28 ou 29, *mars* 31, *avril* 30, *mai* 31, *juin* 30, *juillet* 31, *août* 31, *septembre* 30, *octobre* 31, *novembre* 30, *décembre* 31.

On a vu plus haut l'origine et la durée des quatre saisons, *printemps*, *été*, *automne* et *hiver*.

La durée de l'année n'est pas rigoureusement constante, à cause de la rétrogradation un peu inégale de l'équinoxe de printemps, origine de l'année astronomique, et d'autres perturbations causées par la lune et les planètes. Sa valeur moyenne est de 365 jours 5 heures 48 minutes 51 secondes 6 dixièmes.

XXX.

1. MOUVEMENT PROPRE DE LA LUNE. — 2. MOIS LUNAIRE. — 3. EXPLICATION DES PHASES. — 4. EXPLICATION DES ÉCLIPSES.

1. Mouvement propre de la lune.

La Lune se meut d'Occident en Orient, parmi les étoiles fixes, dont elle partage le mouvement diurne. Ce mouvement de la Lune rapporté aux étoiles, c'est-à-dire la *révolution sidérale* de la Lune s'accomplit en 27 jours 7 heures 43 minutes 11 secondes et demie.

Ensuite, la Lune nous présente toujours la même face, ce qui prouve qu'elle tourne sur elle-même et que ce mouvement de rotation se fait dans le même temps que le mouvement de translation.

Le plan de l'orbite lunaire est incliné de 5 degrés 9 minutes sur le plan de l'écliptique. L'intersection de ces deux plans forme les *nœuds* de l'orbite lunaire ; *nœud ascendant*, si alors la Lune passe au nord de l'écliptique ; *nœud descendant*, si elle passe au sud.

La *révolution tropique* de la Lune est prise relativement aux équinoxes, qui rétrogradent par rapport aux signes du zodiaque. Alors la révolution tropique est égale à la révolution sidérale diminuée de la rétrogradation des équinoxes, savoir de 27 jours 7 heures 43 minutes 4 secondes deux tiers.

2. Mois lunaire.

La révolution que la Lune achève, relativement au Soleil, est ce qu'on nomme sa *révolution synodique* dont la durée, de 29 jours 12 heures 44 minutes 2,8 secondes, forme le *mois lunaire*.

3. Explication des phases.

On appelle *phases* les différents aspects qu'offre le disque lunaire, plus ou moins éclairé. La Lune est totalement obscure lorsqu'elle se trouve entre le Soleil et la Terre, parce qu'alors l'hémisphère éclairé se trouve derrière la Lune relativement au spectateur placé sur la terre. On la nomme alors *nouvelle Lune*.

A mesure qu'elle s'éloigne du Soleil, en avançant vers l'est, la partie de son disque qui est vers l'ouest se trouve de plus en plus éclairée. La moitié du disque est lumineuse lorsque la Lune s'est éloignée du Soleil d'environ 90 degrés. On dit alors qu'elle est à son *premier quartier*, auquel cas nous voyons la moitié de l'hémisphère éclairée.

Arrivée du côté opposé au Soleil, à 180 degrés, la Terre se trouve alors entre le Soleil et la Lune dont tout l'hémisphère éclairé nous est alors visible : c'est la *pleine Lune*.

Enfin, elle se rapproche du Soleil par le côté opposé à celui où elle l'avait quitté. Quand elle n'en est plus qu'à 90 degrés, la moitié de son disque, vers l'est, nous paraît éclairée, et la Lune est alors dans son *dernier quartier*.

La Lune finit par rejoindre le Soleil, et par le dépasser ensuite comme précédemment.

La Lune est dite en conjonction quand elle est *nouvelle*, c'est-à-dire entre la Terre et le Soleil ; elle est dite en *opposition*, quand elle est dans son plein, à l'opposite. Ces deux positions portent le nom de *syzygies*.

Les *quadratures* sont les positions de la Lune dans son premier et dans son dernier quartier, alors que la ligne menée de la Terre à la Lune est perpendiculaire à la ligne menée de la Terre au Soleil.

4. Explication des éclipses.

On nomme éclipse la disparition momentanée du Soleil ou de la Lune, soit en tout, soit en partie, à un instant où leur position au-dessus de l'horizon devrait nous les rendre visibles. Les éclipses du Soleil et de la Lune dépendent l'une et l'autre de la formation d'un cône d'ombre plus ou moins étendu, formé à l'opposé du Soleil par un corps opaque éclairé par cet astre. Ce cône est déterminé par l'ensemble des rayons partis des bords du Soleil qui viennent raser le globe plus petit de la Terre ou de la Lune. A l'époque de la pleine Lune, la Lune peut passer dans le cône d'ombre formé par la Terre en présence du Soleil; il y aura alors éclipse totale ou partielle de Lune. A celle de la nouvelle Lune, quelques points de la surface terrestre peuvent passer dans le cône d'ombre formé par la Lune à l'opposé du Soleil; autrement, la Lune peut se placer entre la Terre et le Soleil, et procurer une éclipse totale de Soleil, ou bien ces points de la surface terrestre ne passent que près de ce cône d'ombre, dans la portion environnante d'espace qui ne reçoit qu'une partie des rayons solaires, et il y aura pour eux éclipse partielle du Soleil.

D'après la distance et les dimensions respectives du Soleil et de la Terre, on calcule facilement que le cône d'ombre formé derrière la Terre s'étend à une distance beaucoup plus grande que celle de la Lune à la Terre, et qu'à la distance à laquelle se trouve la Lune, ce cône offre une largeur encore notablement plus grande que le diamètre de la Lune, ce qui prouve que la Lune peut passer dans ce cône, y passer tout entière, et même y rester assez longtemps. Alors tout ou partie de sa surface cesse temporairement de recevoir la lumière solaire, et par suite aussi d'être visible, et cela pour tout l'hémisphère terrestre tourné alors vers la Lune. C'est ce qui se vérifie; tantôt la Lune est éclipsée tout entière, et pendant un temps qui peut aller jusqu'à plus de 3 heures; tantôt elle n'est éclipsée qu'en partie. D'ailleurs les parties de la Lune qui disparaissent et reparaissent ne le font que successivement, et toute éclipse totale est précédée et suivie d'une éclipse partielle dont l'étendue varie à chaque instant.

Lorsque la Lune passe entre le Soleil et la Terre, à l'époque de la nouvelle Lune, il se forme aussi derrière la Lune un cône d'ombre qui est privé entièrement des rayons du Soleil, et à l'entour de ce cône et au delà de son sommet un espace assez étendu appelé pénombre, qui ne reçoit qu'une partie de ces rayons. Or, quelque petite que soit la Lune par rapport au Soleil, on trouve que le cône d'ombre qu'elle forme est encore assez allongé pour que, quand à l'époque de la nouvelle Lune, la Lune se trouve dans la position la plus voisine à laquelle elle puisse être de la Terre, au périgée, le sommet de ce cône d'ombre puisse atteindre tour à tour divers points de la surface terrestre, et les priver ainsi successivement de la vue du Soleil; de là pour ces points, mais pour un très-petit nombre à la fois, éclipse totale de Soleil. Mais en même temps l'espace, beaucoup plus étendu, environnant ce cône et au delà de son sommet, qui forme la pénombre, se promène sur beaucoup d'autres points de la surface terrestre et leur procure une éclipse partielle de Soleil, ce qui arrive d'ailleurs souvent sans qu'il y ait pour cela aucune éclipse totale. Lorsque l'éclipse ne cache que la partie centrale du Soleil, et laisse voir ses bords tout à l'entour, on la dit annulaire. L'éclipse, même partielle, de Soleil n'est ainsi visible que pour un très-petit nombre de points à la fois, et se produit successivement pour diverses parties de la surface terrestre ; de sorte qu'il en est pour qui elle n'existe pas encore ou n'existe plus du tout quand d'autres l'ont la plus complète.

En réalité, il se produit notablement plus d'éclipses de Soleil que de Lune, mais dans un lieu déterminé on observe beaucoup plus d'éclipses de Lune que de Soleil. Ce dernier fait tient à ce que chaque éclipse de Lune est visible à la fois pour tout un hémisphère terrestre, et que chaque éclipse de Soleil ne l'est que pour une très-faible partie de la surface de la Terre. Il en résulte que pour Paris, par exemple, sur le nombre total des éclipses de Lune une moitié environ y est visible, tandis que sur le nombre, quoique notablement plus grand, de celles du Soleil, une partie beaucoup plus petite y peut être aperçue.

Il semblerait d'ailleurs qu'il devrait y avoir éclipse de Lune à toutes les pleines Lunes et éclipse de Soleil à toutes les nouvelles Lunes ; mais la Lune ne restant pas dans le plan de l'écliptique pendant son mouvement autour de la Terre, ne se trouve que rarement à ces époques aussi près qu'il le faudrait des points où elle traverse le plan de l'écliptique, et où elle peut être en ligne droite avec le Soleil et la Terre ; c'est ce qui fait qu'elles sont moins fréquentes.

FIN DES MATHÉMATIQUES.

QUESTIONS
DE PHYSIQUE
ET DE CHIMIE.

PHYSIQUE.

I.

1. LOIS DE LA PESANTEUR. —2. MASSE, DENSITÉ, POIDS D'UN CORPS. —3. CENTRE DE GRAVITÉ. — 4. USAGE DU PENDULE. — 5. BALANCES.

1. Lois de la pesanteur.

La *pesanteur*, autrement dite *attraction* ou *gravitation*, est une force qui sollicite tous les corps à se porter les uns vers les autres. Cette attraction se fait en proportion directe des quantités de matière, et en raison inverse du carré des distances. Ainsi l'attraction d'un corps sur un autre étant désignée par 1 , cette attraction deviendra 2 si l'on double le premier corps, 3 si on le triple, et ainsi de suite, la distance restant la même ; et si, les corps restant les mêmes, leur distance était doublée, l'attraction serait 4 fois moindre ; si la distance était triplée, l'attraction serait 9 fois moindre, etc., les nombres 4, 9... étant les carrés des distances correspondantes 2, 3... C'est ce qu'on nomme la loi newtonienne, du nom de son inventeur.

L'attraction d'un corps pour un autre résulte des attractions de chacun des atomes du premier sur tous les atomes du second. Ces attractions élémentaires varient en direction et en intensité ; mais elles peuvent être remplacées par une seule force, qui est ce qu'on appelle leur *résultante*.

Ainsi, les corps qui sont à la surface de la terre sont attirés, non par le centre de la terre seulement, mais par tous les atomes de matière qui composent ce globe ; et il en résulte une force générale, qui fait tomber ces corps suivant la *verticale*, ou perpendiculairement à la surface des eaux tranquilles. Ces corps attirent aussi la terre, en

vertu de la réciprocité d'action; mais les forces alternatives étant
égales de part et d'autre, les corps font plus de chemin que la terre,
qui, étant très-considérable, ne paraît pas bouger du tout.

L'attraction de la terre, sur un corps placé à sa surface, est une
force constante, c'est-à-dire une force qui tire toujours de la même
manière et sans aucune interruption. Pour fixer les idées, on suppose
que cette force donne de petites impulsions égales, à des intervalles
de temps égaux et très-courts; en sorte qu'un corps qui tombe reçoit
ces petits coups, qui accroîtront sa vitesse proportionnellement à leur
nombre, et, par conséquent, proportionnellement au temps. Si, par
exemple, le corps part du repos, et tombe librement sous l'action seule
de la pesanteur, il reçoit, dans la première seconde, un nombre d'impulsions tel, qu'au bout de cette seconde il a acquis une vitesse de
40 mètres; ce qui veut dire que la pesanteur, cessant d'agir au bout
de la première seconde, le corps, en vertu de son inertie, continuerait
à se mouvoir en parcourant 40 mètres par seconde. Pendant la
deuxième seconde de sa chute, sous l'influence de la pesanteur, il
recevra autant d'impulsions qu'il en avait reçues durant la première;
en sorte qu'à la fin de cette deuxième seconde sa vitesse sera doublée,
c'est-à-dire de 20 mètres. En raisonnant de même pour la troisième seconde, on voit que le corps acquerrait une vitesse triple,
ou de 30 mètres, et ainsi de suite, la vitesse finale étant proportionnelle au temps, c'est-à-dire égale à 40 mètres répétés autant
de fois qu'il y a de secondes dans le temps de la chute. Ce nombre,
pour Paris, est 9.8 mètres. On désigne ce dernier nombre par g,
la vitesse acquise par v, qui exprime des mètres, le temps de
la chute par t, qui exprime des secondes, et l'on a la formule
$v = g \times t$.

Pour calculer le chemin e parcouru durant le temps t, il suffit
d'observer qu'au lieu d'une vitesse croissant uniformément depuis zéro
jusqu'à sa valeur finale v, on aura le même chemin, si l'on prend
la vitesse moyenne $\frac{v}{2}$ pendant tout le temps de la chute, vu que
l'on gagnera au commencement ce que l'on perdra vers la fin. Mais
un corps qui parcourt uniformément par seconde le nombre $\frac{v}{2}$ de
mètres parcourra $\frac{v}{2} \times t$ en un temps formé de t secondes, en
sorte que le chemin total ainsi parcouru sera

$$e = \frac{v}{2} \times t$$

ou, en mettant pour v sa valeur précédente $g \times t$

$$e = \frac{g \times t}{2} \times t = \frac{g}{2} \times t^2$$

Il résulte de cette formule que l'espace parcouru est égal à la moitié du nombre g (c'est-à-dire à 4.9 mètres), multiplié par le carré de t, nombre des secondes de chute. Si l'on prend successivement 1, 2, 3, 4, etc. secondes, les chemins parcourus seront de 4.9 mètres, multipliés respectivement par 1, 4, 9, 16, etc., qui sont les carrés des temps. Enfin, si l'on veut avoir les chemins parcourus pendant chacune des secondes successives, il faudra retrancher le chemin parcouru dans la première seconde de celui parcouru dans les deux premières, puis retrancher le chemin correspondant à 2 secondes du chemin correspondant à 3 secondes, et ainsi de suite, ce qui donnera pour les chemins parcourus pendant la 1ᵉ, la 2ᵉ, la 3ᵉ, la 4ᵉ, etc. seconde, le nombre 4.9 mètres, multiplié respectivement par 1, 3, 5, 7, etc., qui forment la série des nombres impairs. C'est ce qu'on exprime en disant que les chemins parcourus de seconde en seconde croissent comme les nombres impairs.

Il est bon de remarquer que la chute des corps s'opère avec la même vitesse pour toute espèce de matière, du moins si on les observe dans le vide; car l'air oppose une résistance qui varie en raison de la densité et de la forme de ces corps. Cela vient de ce que l'attraction de la terre, sur différentes matières, est proportionnelle à ces dernières; en sorte qu'une quantité de matière égale à 1 étant tirée avec une force représentée par 1, une quantité 2 sera tirée par une force 2; ce qui revient à tirer chacune de ces deux unités de matière par une force 1.

2. Masse, densité, poids d'un corps.

Poussé par une même force, un corps marche d'autant moins vite qu'il contient plus de matière, c'est-à-dire que sa *masse* est plus grande. Ainsi la terre attire la lune, et celle-ci attire la terre précisément avec la même force; mais la terre ayant une masse 75 fois plus grande que celle de la lune, cette lune fait vers la terre 75 fois plus de chemin que la terre n'en fait vers la lune dans le même temps; et ces deux corps finiraient par se heurter, si la lune n'était pas lancée de manière à tourner autour de notre globe.

Le *poids* d'un corps est la force qui le sollicite à tomber vers un autre corps. Ainsi le poids d'un corps placé à la surface de la terre est la force qui le tire suivant la verticale, et qui le ferait tomber s'il ne rencontrait pas un obstacle, contre lequel il presse sans cesse, comme par exemple contre le plateau d'une balance. La *masse* d'un corps ne diminue pas en comprimant ou dilatant le volume de ce corps ; mais son *poids* peut varier, soit en portant le corps sur de hautes montagnes, ou même en des points différents de la surface du globe. La *masse* est donc une chose constante par elle-même, tandis que le *poids* est variable avec la distance et la masse du corps attirant. Mais, dans un même lieu, le poids reste proportionnel à la masse, c'est-à-dire que le poids sera doublé si la masse est doublée.

Des volumes égaux de matières différentes ne renferment pas des masses égales, ou, en d'autres termes, ne pèsent pas également, n'ont pas le même poids. La *densité* d'une matière est proportionnelle à la masse ou au poids sous un volume constant. Ainsi, le mercure pèse 13 à 14 fois plus que l'eau sous le même volume ; et le platine, qui est la plus *dense* de toutes les matières connues, pèse 21 fois plus qu'un égal volume d'eau ; auquel cas on dit que la *densité* du platine est 21, celle de l'eau étant prise pour unité.

3. Centre de gravité.

Il y a un cas particulier où plusieurs forces appliquées en différents points, admettent toujours une *résultante* : c'est celui où toutes ces forces sont parallèles et dirigées dans le même sens. Si, après avoir construit leur résultante, on tourne toutes les forces dans une autre direction en conservant leur parallélisme, mais sans changer leurs points d'application, la nouvelle résultante qu'elles admettront sera égale à la première en intensité ; et, ce qu'il y a de remarquable, ces résultantes passeront toutes deux par le même point.

On aura beau changer la direction de toutes les forces, en conservant leur parallélisme, leur résultante passera toujours par un même point, qui porte, en conséquence, le nom de *centre* des forces du système.

Par exemple, tous les atomes d'un corps solide, placé à la surface de la terre, sont attirés par celle-ci dans des directions sensiblement parallèles, eu égard aux petites dimensions de ce corps relativement à celles de notre globe. La résultante de toutes ces attractions élémentaires est ce que nous avons appelé le *poids* du corps. Si l'on tourne ce corps sur une autre face, les attractions élémentaires tourneront de la même manière autour des atomes ; mais leur résultante passera encore par le même point, par le même centre, que l'on appelle *centre de gravité*, c'est-à-dire, centre des forces de gravitation.

Chaque corps, quelle que soit d'ailleurs sa forme, a un centre de gravité. Si l'on retenait un corps par son centre de gravité, il est clair qu'on détruirait l'action de la pesanteur, puisque la résultante de toutes les attractions de la terre passe par ce point. Si l'on suspendait le corps par un autre point, le corps tournerait autour de celui-ci, jusqu'à ce que le centre de gravité fût amené dans la verticale du point de suspension au-dessous, auquel cas l'attraction de la terre serait encore détruite.

Il est évident que le centre de gravité et le centre de figure ne font qu'un dans tous les corps homogènes, c'est-à-dire, formés de particules également denses partout. Ainsi, le centre de gravité d'une ligne droite est au milieu de cette droite; celui d'un cercle est au centre de ce cercle; celui d'un parallélogramme, à la rencontre des deux diagonales; celui d'une sphère, au centre de la sphère; et ainsi des autres. Quant au centre de gravité du triangle, il se trouve à l'intersection des droites menées des angles au milieu des côtés opposés, et, par suite, aux deux tiers de ces droites à partir des angles. Dans la pyramide triangulaire, il se trouve de même à l'intersection des droites menées des sommets aux centres de gravité des faces opposées, et, par suite, aux trois quarts de ces droites, à partir des sommets.

Quand il s'agit d'un corps de forme irrégulière, on le suspend successivement par deux de ses points, et la rencontre des deux fils de suspension détermine le centre de gravité dans l'intérieur de ce corps

5. Pendule, ses usages.

On distingue le *pendule simple*, qui est idéal, des *pendules composés*, qui seuls sont réels. Le pendule simple consisterait en un point matériel, suspendu a l'extrémité inférieure d'un fil sans pesanteur, dont le bout supérieur serait attaché à un point fixe. En écartant ce pendule de la verticale, puis l'abandonnant à lui-même, il oscille au tour de la verticale du point de suspension, en décrivant de part et d'autre des arcs égaux entre eux et à l'écartement primitif. Si ce pendule était dans le vide, et si la suspension n'occasionnait aucun frottement, les oscillations dureraient éternellement, avec leur *amplitude* initiale. De plus, la durée d'une *oscillation* serait toujours la même, et pourrait servir à mesurer le temps. Enfin, la durée de l'oscillation est indépendante des arcs décrits, pourvu que les arcs soient très-petits, par exemple, de moins d'un degré. Le calcul apprend que cette durée d'une oscillation est donnée par la formule

$$t = \pi \sqrt{\frac{l}{g}},$$

où t exprime la durée de l'oscillation en secondes, π le rapport de la circonférence au diamètre, savoir $\frac{355}{113}$, l la longueur du fil en mètres, et g la vitesse acquise par un corps au bout d'une seconde de chute; et que nous avons dit être environ 9,8 mètres.

On approche passablement des conditions du pendule simple, en suspendant une petite boule métallique au bout d'un long fil très-fin, et c'est ainsi que les premières observations du pendule ont été faites; depuis, on a formé des pendules plus ou moins composés, et de telle manière qu'on pût se calculer la longueur du pendule simple qui ferait ses oscillations dans le même temps. D'après la formule ci-dessus, on voit que le temps d'une oscillation du pendule simple croît comme la racine carrée de sa longueur; que, par conséquent, les diverses particules d'un pendule composé oscilleraient différemment, suivant qu'elles se trouvent plus ou moins rapprochées du point de suspension, si elles oscillaient librement; qu'enfin, dans leur mouvement commun, les plus éloignées retardent les plus proches, de même que ces dernières font marcher plus vite les premières, ce qui établit une espèce de compensation. Parmi les particules d'un pendule composé, il y en a donc une qui marche comme si elle était libre, et qu'elle formât à elle seule un pendule. Cette particule est ce qu'on appelle le *centre d'oscillation*; et dans une sphère suspendue à un long fil très-fin, le centre d'oscillation se trouve un peu au-dessous du centre de la sphère.

Les pendules servent à régler la marche des horloges; et pour que ces instruments soient parfaits, il faut que leur centre d'oscillation reste toujours à la même distance du point de suspension, ce qui oblige à les construire de telle manière qu'il y ait compensation dans les variations de longueur dues aux variations de température. Les savants ont aussi fait usage du pendule simple pour déterminer l'accroissement de pesanteur qui a lieu depuis l'équateur jusqu'aux pôles, et pour conclure l'aplatissement de la terre.

f. Balances.

La *balance* est un levier qui sert à mesurer le poids des corps, et qui porte le nom de *fléau*. Ce fléau porte à son milieu un couteau d'acier transversal, nommé *axe de suspension*, qui repose sur des plans d'acier ou de pierre dure. A chaque bout du fléau se trouve suspendu un *plateau* ou *bassin*, et ceux-ci sont destinés à recevoir les poids que l'on veut équilibrer.

On considère trois espèces de balances : 1° celle où le centre de gravité tombe sur l'axe même de suspension, auquel cas il est clair que la balance, chargée de poids égaux, peut prendre toutes les positions, ce qui est un inconvénient ; 2° celle où le centre de gravité est placé au-dessus de l'axe de suspension, et qui pirouette pour peu que le fléau penche d'un côté ou de l'autre : cette balance est dite *folle* ; 3° enfin, celle où le centre de gravité est plus bas que l'axe de suspension. Chargée de poids égaux, cette balance oscille autour de sa position d'équilibre, et son fléau finit par devenir horizontal. C'est cette dernière espèce de balance qui est la bonne ; mais il ne faudrait pas que son centre de gravité fût très-éloigné de l'axe de suspension, car elle ferait des oscillations de longue durée et serait ce qu'on appelle *paresseuse*.

Comme les deux bras du fléau d'une balance ne peuvent jamais être rendus parfaitement égaux, on doit faire les bonnes pesées par *tare*. Cette méthode consiste à placer d'un côté le corps que l'on veut peser, et de l'autre côté de la grenaille ou même du sable, pour équilibrer la balance ; après quoi on enlève le corps, que l'on remplace par des poids étalonnés jusqu'à ce que l'équilibre soit de nouveau rétabli ; ces poids sont rigoureusement égaux au poids du corps en question puisque, dans les mêmes circonstances, ils font équilibre à la même *tare*.

— · — · — · — · —

II.

1. CONDITION D'ÉQUILIBRE DES LIQUIDES. — 2. PRINCIPE D'ARCHIMÈDE.

1. Condition d'équilibre des liquides.

Un liquide homogène est en équilibre, quand, renfermé dans un vase, sa surface libre est horizontale, c'est-à-dire perpendiculaire à la direction de la pesanteur ; car alors il n'y a pas de raison pour que ce liquide coule d'un côté plutôt que de l'autre. La surface libre se nomme *surface de niveau*, et la *profondeur* d'un point dans ce liquide se mesure par la perpendiculaire menée de ce point à la surface de niveau, surface que l'on supposera prolongée indéfiniment.

Les différents points d'un liquide éprouvent des pressions qui résultent, soit du poids des particules superposées, soit de la pression exercée à la surface par l'air atmosphérique, ou de toute pression extérieure et artificielle.

Un liquide parfait est celui dans lequel les pressions extérieures se transmettent également dans toute la masse fluide. Alors aussi une particule liquide est pressée également dans tous les sens ; et si cette particule liquide est en contact avec la paroi du vase, elle lui transmet sa pression suivant la normale à la surface

On vient de voir que la pression en chaque point d'un liquide est proportionnelle à la profondeur verticale de ce point dans le liquide; en sorte qu'une surface horizontale est pressée par le poids d'une colonne cylindrique de liquide, dont la base est cette surface, et dont la hauteur est la profondeur du liquide en cette même surface. Ainsi le fond d'un vase, supposé plan et horizontal, subit une pression représentée par une colonne cylindrique de liquide, dont ce fond est la base, et dont la hauteur est la profondeur totale du liquide dans le vase.

Ce dernier résultat est le même, quelle que soit d'ailleurs la forme du vase, pourvu que le fond de ce vase et la hauteur du liquide ne varient point. Ainsi, on peut varier la configuration du vase d'une manière arbitraire, rendre par exemple le fond plus petit ou plus grand que l'orifice, sans altérer la pression du fond. Le cas où l'orifice est moindre en étendue que le fond, donne lieu à ce qu'on appelle le paradoxe hydrostatique, cas singulier où la colonne liquide, bien que moins volumineuse qu'une colonne cylindrique, exerce cependant la même pression que cette dernière sur le fond du vase.

2. Principe d'Archimède.

La pression qu'une particule fluide supporte également dans toutes les directions, au sein d'un liquide, se fait identiquement sentir sur l'élément correspondant de la surface d'un corps immergé. Considérons une portion du volume liquide dans l'état de repos : cette portion de liquide est en équilibre sous l'action de deux genres de forces, savoir : de la pesanteur, qui la tire suivant la verticale, et des pressions du liquide environnant. Puisque la portion du liquide que l'on considère ne va ni à droite ni à gauche, il faut admettre que les composantes horizontales de toutes les pressions qu'elle supporte se détruisent mutuellement, vu que la pesanteur n'admet pas de composantes horizontales. Quant aux composantes verticales des mêmes pressions, elles doivent former une somme précisément égale et de sens contraire à la pesanteur qui sollicite la masse liquide à descendre. En d'autres termes, cette masse liquide a perdu toute tendance à tomber, et son poids est comme annulé par la pression du liquide environnant.

Admettons ensuite, par la pensée, que la même portion de liquide se solidifie sans changer ni de volume ni de poids : elle restera encore en suspens dans la masse fluide. Et si l'on suppose enfin un corps réellement solide occupant la même place que cette portion de liquide, ce corps perdra juste une partie de son poids égale à celui du liquide déplacé, et ne tendra à tomber qu'en vertu de l'excès de son poids, en supposant, bien entendu, le corps plus lourd que le liquide. Dans le cas où ce corps serait, au contraire, plus léger, il monterait à la surface du liquide, dans lequel il ne s'enfoncerait plus que d'une quantité telle que le poids du liquide déplacé fût précisément égal au poids total de ce corps.

C'est en cela que consiste le principe d'Archimède : tout corps plongé dans un liquide perd une partie de son poids égale au poids du liquide déplacé; et tout corps flottant sur un liquide perd son poids en totalité, et ne déplace qu'un volume de liquide également pesant.

III.

PHÉNOMÈNES DE LA CAPILLARITÉ.

Les liquides adhèrent ordinairement aux corps solides que l'on y plonge : en retirant ceux-ci, il reste à leur surface une couche de liquide adhérente. Ainsi, une tige de verre, retirée de l'eau, emporte une certaine quantité de ce liquide, qui s'agglomère à son bout inférieur sous forme de goutte. Si l'un des bassins d'une balance est mis en contact avec l'eau, il faudra, pour l'en détacher, mettre un poids assez considérable dans l'autre bassin; et quand le premier bassin sera détaché de l'eau, il conservera une couche de ce liquide, mais il faudra diminuer le poids placé de l'autre côté de la balance.

Il résulte de là que certains liquides contractent adhérence avec certains corps solides, et que les particules liquides ont aussi entre elles une adhérence très-sensible. Cette force d'adhérence se manifeste encore lorsqu'on met en contact parfait les surfaces de deux corps solides. Dans tous les cas, elle est due à ce qu'on nomme la *cohésion*, ou *l'attraction moléculaire*, qui cesse d'agir à des distances sensibles pour nos organes, mais qui est très-puissante au contact. A cette force sont dus les phénomènes de *capillarité*, ainsi nommés parce qu'on les observe principalement à l'aide des tubes de verre capillaires, c'est-à-dire qui ont un diamètre intérieur assez petit pour être comparé à celui des cheveux. Voici en quoi consiste ce genre de phénomènes.

Si l'on plonge le bout inférieur d'un tube de verre verticalement dans l'eau, ce liquide s'élève dans l'intérieur du tube au-dessus du niveau extérieur, et d'autant plus que le diamètre du tube est plus petit. L'extrémité de la colonne liquide ainsi soulevée est concave, et présente sensiblement la surface d'une demi-sphère.

Si, au contraire, on plonge le tube de verre dans le mercure, celui-ci s'abaisse dans le tube au-dessous du niveau extérieur, et d'autant plus que le diamètre du tube est plus petit. Dans ce cas, l'extrémité de la colonne liquide est convexe.

L'ascension de l'eau dans un tube de verre a lieu, parce que l'attraction moléculaire du liquide pour le solide est plus que la moitié de l'attraction moléculaire du liquide pour lui-même. La dépression du mercure dans le tube de verre a lieu, parce que l'attraction du verre pour le mercure est moindre que la moitié de l'attraction du mercure pour lui-même; et le calcul apprend que, si l'attraction du solide pour le liquide était précisément la moitié de l'attraction du liquide sur ses propres particules, il n'y aurait ni ascension ni dépression dans le tube.

Lorsqu'on plonge dans l'eau le bout inférieur de deux plans de verre verticaux, parallèles et suffisamment rapprochés, le liquide s'élève entre les deux verres, mais à une hauteur moitié de celle qu'il atteint dans le tube de verre dont le diamètre intérieur est égal à l'écartement des deux plans.

Si l'on rapproche les plans de verre en les mettant en contact par un de leurs bords verticaux, comme deux feuillets d'un livre dont le dos est vertical, le liquide s'élève entre eux, si c'est de l'eau, et s'abaisse, si c'est du mercure, en figurant une courbe *hyperbolique*, dont les deux asymptotes sont représentées par la ligne de contact des deux verres et la ligne d'immersion.

Les phénomènes capillaires sont très-variés, mais nous devons nous borner à citer encore les suivants, comme étant plus fréquemment observés. Si l'on pose sur l'eau deux petites boules, susceptibles de flotter et d'être mouillées, l'eau formera tout autour des anneaux liquides; et, lorsque ces anneaux viendront à se rencontrer par leurs bases, les deux boules se précipiteront l'une contre l'autre et se maintiendront au contact. La même attraction a lieu quand, posées sur du mercure, de petites boules ont la propriété de déprimer tout à l'entour un anneau liquide. Mais il y aura répulsion des deux boules, si l'une élève le liquide tandis que l'autre le déprime.

——————— ————

IV.

1. POIDS SPÉCIFIQUES DES CORPS. — 2. ARÉOMÈTRE.

1. Poids spécifiques des corps.

Pour avoir la densité d'un corps solide, on suit la méthode d'Archimède, fondée sur ce principe, qu'un corps plongé dans l'eau y perd une partie de son poids égale au poids du liquide déplacé. Supposons que le corps dans l'air pèse 12 grammes, et 7 grammes dans l'eau : l'eau déplacée, qui a même volume, pesera donc 12—7, ou 5 grammes; divisant 12 par 5, on trouve 2,4 pour exprimer la densité du corps en question.

Si le corps pouvait être dissous ou attaqué chimiquement par l'eau, il faudrait le peser dans quelque autre liquide sans action sur lui, et dont on connaît la densité relativement à celle de l'eau.

Dans le cas où le corps serait plus léger que l'eau, on pourrait l'attacher à un second corps suffisamment lourd pour l'entraîner sous l'eau; mais il vaut mieux recourir au procédé suivant : on introduit le corps, soit entier, soit par fragments, dans un flacon de verre, dont le bouchon, également de verre, joigne parfaitement : soit 16 grammes le poids du flacon plein d'eau seulement; soit 15 grammes le poids du corps dans l'air; soit enfin 41 grammes le poids du flacon renfermant ce corps, et de l'eau qui le remplit exactement. Le poids de l'eau déplacée par le corps s'obtiendra en retranchant 41 de 46 $+$ 15, ou 61, ce qui fait 20. Divisant 15 par 20, on a 0,75 pour la densité cherchée.

Ce dernier procédé servira pour déterminer la densité des liquides. Soient 13 grammes le poids du flacon vide; 29 grammes le poids du flacon plein d'eau : enfin, 37 grammes le poids du flacon plein d'un autre liquide. Le même flacon renfermera donc 16 grammes d'eau et 24 grammes de cet autre liquide, dont la densité sera le quotient de 24 par 16, ou 1,5.

2. Aréomètres.

Nous venons d'indiquer les méthodes que l'on suit ordinairement pour déterminer la densité des corps. On emploie aussi à cet usage des instruments nommés *aréomètres*. Celui de Fahrenheit consiste en un cylindre creux, portant à sa partie supérieure une petite tige soutenant elle-même un petit plateau destiné à recevoir des poids. Cet aréomètre est dit *à volume constant*, parce qu'on le charge de telle manière que le niveau du liquide où il flotte s'élève jusqu'à un trait marqué sur la tige. Soit 840 grammes le poids de l'aréomètre dans l'air. Placé dans l'eau, il faut y ajouter 10 grammes pour l'enfoncer jusqu'au trait de la tige, ce qui s'appelle l'*affleurer*. Placé dans un autre liquide, il faut, par exemple, un poids additif de 315 grammes. Ainsi, l'eau déplacée par l'instrument pèsera 840 $+$ 10, ou 850 grammes; et l'autre liquide, également déplacé, pèsera 840 $+$ 315, ou 1155 grammes. Divisant 1155 par 850, on a environ 1,353 pour la densité de cet autre liquide.

En suspendant une petite cuvette à la partie inférieure de cet instrument, on le rend propre à prendre la densité des corps solides, des minéraux par exemple. Soit encore 10 grammes le poids additif nécessaire pour affleurer l'aréomètre. On met le corps sur le plateau, et il ne faut plus que 6 grammes pour affleurer, ce qui montre que le corps pèse 4 grammes. On le met ensuite dans la cuvette, et alors il faut 7,6 grammes pour affleurer, ce qui prouve que le corps a perdu 7,6—6 , ou 1,6 gramme par son immersion dans l'eau. Divisant enfin 4 par 1,6 , il vient 2,5 pour la densité du corps. S'il pesait moins que l'eau, on retournerait la cuvette, et l'on mettrait le corps par-dessous.

Les aréomètres à *poids constant* se composent d'un tube de verre, terminé inférieurement par une petite boule destinée à recevoir du mercure ou de la grenaille de plomb pour lester l'instrument, c'est-à-dire, le maintenir dans une position verticale, au milieu du liquide où il doit flotter. On conçoit que l'aréomètre s'enfoncera d'autant plus que le liquide sera moins dense, et réciproquement. Une graduation sur le tube indique, soit le volume immergé, soit la densité immédiate du liquide, soit enfin des nombres de convention, qui permettent d'apprécier la densité plus ou moins grande des liquides. C'est dans cette catégorie qu'il faut ranger les aréomètres de Baumé, Casbois et tant d'autres. M. Gay-Lussac a gradué de semblables tubes pour estimer la densité des alcools, et qu'il a nommés *alcoomètres*.

V.

THÉORIE ET CONSTRUCTION DU BAROMÈTRE.

L'air est pesant et tend à tomber vers le centre du globe, comme toute autre espèce de matière. Le vent n'est que de l'air qui se déplace en vertu de son poids; et nous sentons que l'air, même calme, résiste plus ou moins à nos mouvements. Les corps plongés dans l'air y perdent une partie de leur poids, égale à celui de l'air déplacé; en sorte que le principe d'Archimède s'applique aux gaz comme aux liquides. Si le corps est plus léger que l'air, il s'élève jusqu'à ce qu'il arrive dans une région de l'atmosphère, où l'air déplacé a le même poids que ce corps, et c'est le cas des ballons aérostatiques.

Pour avoir le poids de l'air, on retire d'un grand ballon de verre tout l'air qu'il contient, au moyen de la machine pneumatique dont nous parlerons plus loin. Ce ballon étant *vide* et son orifice fermé par le moyen d'un robinet, on le suspend à l'un des bras d'une balance, que l'on équilibre en mettant des poids sur le plateau de l'autre bras. Cela fait, on ouvre le robinet : l'air afflue dans le ballon avec sifflement, et le poids de ce ballon est alors augmenté d'une quantité appréciable; car on trouve de cette manière qu'un litre d'air pèse un gramme et tiers. Or, un litre d'eau pesant un kilogramme ou mille grammes, l'air pèsera environ 770 fois moins que l'eau sous le même volume. On a encore d'autres preuves de la pesanteur de l'air par l'emploi du baromètre et de différents appareils mis en rapport avec la machine pneumatique. Nous allons parler ici du baromètre, de sa construction variée et de ses usages.

Pour composer le *baromètre* le plus simple, on prend un tube de verre, fermé par un bout, ouvert par l'autre, et d'une longueur d'environ 80 centimètres. On le remplit de mercure; et posant le doigt sur l'orifice, de manière à ne laisser aucune bulle d'air dans le tube, on retourne celui-ci, et on le fait plonger verticalement dans le mercure d'une cuvette, en retirant seulement alors le doigt qui tenait l'orifice bouché. Le mercure quitte la partie supérieure du tube, de telle manière qu'il forme dans ce tube une colonne verticale d'environ 76 centimètres au-dessus du niveau extérieur du mercure dans la cuvette. Si l'on incline un peu le tube, la colonne mercurielle s'allonge, mais en conservant la même hauteur dans le sens de la verticale, jusqu'à ce que tout le tube soit de nouveau plein de mercure; ce qui prouve que l'espace abandonné par le liquide était vide d'air.

Pourquoi le mercure se soutient-il ainsi à une hauteur de 76 centimètres? C'est que la surface du mercure dans la cuvette étant pressée par le poids de la colonne d'air atmosphérique qui repose dessus, il faut, pour l'équilibre, que tous les points de cette surface de niveau soient également pressés, y compris les points placés dans l'intérieur et à la base du tube. Ces derniers points, en l'absence de l'air, doivent donc être directement pressés par une colonne de mercure d'un poids égal à celui de l'air. Par conséquent, une colonne de 76 centimètres de mercure presse comme une colonne d'air atmosphérique, l'une et l'autre s'appuyant sur la même base.

Le mercure étant environ 13 fois et demie plus dense que l'eau, il faudrait une colonne d'eau tout autant de fois plus longue, c'est-à-dire d'environ 10 mètres, pour presser comme l'air atmosphérique sur la même base. En d'autres termes, si l'on faisait le vide au-dessus de l'eau, celle-ci ne pourrait s'élever, par la pression de l'air, que jusqu'à 10 mètres; et c'est ce qui arrive, en effet, comme des fontainiers l'observèrent pour la première fois à Florence, du temps de Pascal, auquel on doit la découverte de la pesanteur de l'air; car, avant lui, on s'imaginait que la nature ayant *horreur* du vide, l'eau montait dans les tuyaux de pompe, à cette seule fin d'y remplir le vide occasionné par l'ascension du piston.

Quelle que soit la largeur de la cuvette, comparée au diamètre du tube, il est clair que les variations de la hauteur du mercure dans le tube sont accompagnées de variations dans la cuvette, en sorte que si le mercure monte dans le tube, il baisse un peu dans la cuvette, et réciproquement. Pour obvier à cet inconvénient, qui nécessite un déplacement continuel du zéro de l'échelle servant à mesurer la longueur de la colonne mercurielle, Fortin a imaginé de remplacer le fond fixe de la cuvette par une membrane en peau, qu'une vis fait monter ou descendre à volonté, de manière à ramener toujours au même point le niveau du mercure dans la cuvette.

M. Gay-Lussac a substitué à la cuvette du baromètre la petite branche d'un tube recourbé en U, dont la grande branche, fermée par le haut, sert de tube barométrique. Alors la longueur de la colonne mercurielle est mesurée par la différence des colonnes de mercure dans les deux branches du tube, puisque, en réalité, l'air extérieur ne fait équilibre qu'à cette différence. Pour rendre ce baromètre portatif, le coude du tube recourbé est formé d'un tube à très-petit diamètre, dans lequel l'air ne peut que très-difficilement rompre la colonne de mercure. Cependant un choc violent opère cette rupture, et l'air extérieur finit souvent par arriver dans la grande branche du baromètre.

Mais cet inconvénient ne peut se présenter dans le baromètre à siphon de Bunten, le seul qui puisse réellement se transporter à de grandes distances. Au bas et dans l'intérieur de la longue branche de ce baromètre se trouve une cloison de verre, ouverte à son milieu par un petit tube ou pointe effilée. Le mercure traverse cette pointe, qui établit la communication entre les deux branches du baromètre; mais l'air qui tendrait à passer de la petite dans la grande branche suivrait les parois du tube et s'arrêterait à la cloison, d'où il est facile de le faire rétrograder.

Nous avons déjà dit que le tube barométrique doit être rendu bien vertical, et que, dans cette position, on mesure la différence de hauteur du mercure dans la cuvette et dans le tube, et cette différence dans les deux branches du baromètre à siphon. A cet effet, une échelle divisée en millimètres est appliquée le long de la colonne barométrique, et l'on pointe, dans une direction bien horizontale, les extrémités de cette colonne, aux sommets des surfaces convexes qu'elle présente, par suite de la tendance du mercure à s'arrondir en goutte. On met la plus grande précision dans cette mesure, en s'aidant d'un vernier, pour apprécier les dixièmes du millimètre.

La colonne barométrique diminue quand on s'élève sur les montagnes, et s'allonge quand on descend au bord de la mer. La raison en est que plus on s'élève dans l'atmosphère, et moins il reste d'air pour presser sur le mercure. Par conséquent, le baromètre est un instrument précieux pour mesurer la hauteur des montagnes, ou les différences de niveau, par l'observation simultanée de la pression de l'air aux diverses stations que l'on considère.

Sachant que l'air pèse environ dix mille fois moins que le mercure, on voit de suite que la colonne du baromètre ne baissera que d'un millimètre quand on s'élèvera de dix mille millimètres, c'est-à-dire de dix mètres. Ainsi, quand on ne s'élève pas beaucoup au-dessus de la surface des mers, une variation de un, ou deux, ou trois, etc., millimètres dans la colonne barométrique, accusera une différence d'environ un, ou deux, ou trois, etc., décamètres. Mais il faut aussi tenir compte de la température, qui change plus ou moins la densité de l'air, et, par suite, le poids d'une colonne atmosphérique de longueur déterminée. Il y a encore plusieurs autres corrections dépendantes de la latitude, de la hauteur des stations, de l'état d'humidité de l'air, des vents, etc.

VI.

1. LOI DE MARIOTTE. — 2. CONSTRUCTION ET USAGE DES MACHINES PNEUMATIQUE ET DE COMPRESSION. — 3. POMPES. — 4. SIPHON.

1. Loi de Mariotte.

L'air est éminemment élastique, c'est-à-dire que son volume diminue quand la pression augmente, et que le volume s'accroît lorsque la pression diminue ; en sorte que le volume redevient toujours le même quand la pression redevient aussi la même, si, bien entendu, la température de l'air n'a pas varié. En cela, l'air est comme un ressort qui ne se dérangerait jamais. On reconnaît l'existence de cette force de ressort, en faisant jouer un piston dans un tube fermé qui contient de l'air atmosphérique.

Mariotte a fait voir que le volume d'un gaz est en raison inverse de sa pression, et cette grande loi, applicable à tous les fluides élastiques, a reçu le nom de son inventeur. Ainsi, le volume est réduit à moitié si la pression est doublée ; au tiers, si la pression est triplée, etc. Réciproquement, le volume est doublé, si la pression est réduite a moitié ; il est triplé, si la pression est réduite au tiers, etc.

Pour démontrer la loi de Mariotte, on se sert d'un tube de verre recourbé par le bas en deux parties très inégales, fermé a sa petite branche et ouvert a sa grande branche. On emprisonne de l'air dans la première, a l'aide d'un peu de mercure versé par la seconde. Cet air étant a la pression atmosphérique, si l'on vient a remplir la grande branche avec du mercure, le poids de ce liquide comprimera l'air renfermé dans la petite branche du tube, et quand le volume de cet air sera réduit à moitié, on trouvera que la différence des colonnes mercurielles dans les deux branches est précisément égale a la colonne du mercure dans un baromètre observé au même instant. Ainsi, l'air réduit a la moitié de son volume, subit une double pression barométrique. On trouve de même que l'air est réduit au tiers de son volume quand sa pression est triplée, etc.

2° Construction et usage des machines pneumatique et de compression.

La *machine pneumatique* se compose d'un gros tube ou corps de pompe, dans lequel joue un piston. Une première soupape est placée à la base du corps de pompe, et s'ouvre de bas en haut. Une deuxième soupape est adaptée au canal du piston, et s'ouvre aussi de bas en haut. La première soupape est placée a l'orifice d'un petit canal qui va s'ouvrir sous une cloche renversée, ou *récipient*, dont les bords, garnis de suif, s'appuient exactement sur un plateau de verre dépoli, nommé la *plate-forme*. En faisant monter le piston, il se forme un vide que vient remplir aussitôt l'air du récipient, qui soulève la soupape inférieure, tandis que la soupape supérieure reste fermée par l'effet de la pression de l'air extérieur. En faisant baisser le piston, l'air situé dans le corps de pompe est comprimé et finit par soulever la soupape supérieure, pour se dégager dans l'atmosphère. C'est par ce mouvement alternatif du piston que l'on parvient à faire le vide d'air sous le récipient, et dans tout autre vase communiquant.

Telle serait la machine pneumatique simple. Ordinairement on y adapte deux corps de pompe ; l'un des pistons s'élève tandis que l'autre s'abaisse : d'où il suit qu'on est débarrassé de la pression de l'air extérieur qui s'équilibre sur les deux pistons, et qu'il reste seulement a vaincre les frottements et la différence des pressions de l'air renfermé dans les corps de pompe.

On place sous le récipient, ou mieux dans un gros tube communiquant, une *éprouvette* destinée à mesurer la pression de l'air qu'il renferme. Cette éprouvette est un petit tube de verre à deux branches verticales, dont l'une est ouverte, et l'autre fermée et pleine de mercure. Par la diminution de pression de l'air, la colonne de mercure baisse dans cette seconde branche et monte dans la première; tellement que, si le vide était parfait, la colonne mercurielle serait la même dans les deux branches. Si la différence est d'un, ou de deux, ou de trois millimètres, on dit que le vide est à un, ou deux, ou trois millimètres de mercure.

La *machine à compression* repose sur les mêmes principes que la machine pneumatique : seulement les soupapes, au lieu de s'ouvrir de bas en haut, s'ouvrent de haut en bas. En faisant descendre le piston, l'air comprimé dans le corps de pompe ouvre la soupape inférieure et pénètre dans le récipient ; et faisant remonter le piston, l'air extérieur afflue dans le corps de pompe, en ouvrant la soupape supérieure. Le récipient est ordinairement un vase métallique à parois épaisses, au col duquel est adapté un corps de pompe.

5. Pompes.

La *pompe aspirante* est formée d'un tube (dit corps de pompe) dont l'extrémité inférieure pénètre dans l'eau d'un puits ou d'une rivière; d'un *piston*, ou cylindre, qui glisse à frottement dans l'intérieur de ce tube ; enfin, de deux *soupapes*, ou couvercles mobiles et à charnières. La soupape inférieure est adaptée au tube ; elle s'ouvre de bas en haut, pour laisser monter l'eau, et retombe de haut en bas pour empêcher le liquide de descendre. La soupape supérieure est adaptée au piston, qui se trouve percé de part en part ; cette soupape s'ouvre de bas en haut pour laisser passer l'eau à travers le canal du piston, et se referme de haut en bas pour empêcher le liquide de redescendre. Cela posé, au moyen d'un levier attaché à la tige du piston, on fait descendre ce piston jusqu'au contact de la soupape inférieure , l'air placé entre cette soupape et le piston soulevant la soupape supérieure pour s'écouler. On fait ensuite remonter le piston, ce qui occasionne un vide que vient remplir l'air placé au-dessous de la soupape inférieure : l'eau monte alors dans le tube, vu que la pression de l'air y est moindre qu'à l'extérieur. En continuant ainsi à faire alternativement descendre et monter le piston, l'eau finit par atteindre la soupape inférieure, par s'introduire entre celle-ci et le piston, par dépasser le piston lui-même et finalement couler au dehors.

La *pompe foulante* ne diffère de celle-là que par la position de la soupape supérieure, qui au lieu d'être adaptée au piston (lequel est parfaitement plein), est placée à l'entrée d'un second tube, communiquant avec le tube principal ou corps de pompe, au-dessus de la soupape inférieure. Quand l'eau a pénétré entre celle-ci et le piston, elle se trouve poussée, par la descente du piston, dans le tube latéral, dont elle ouvre la soupape, qui s'elle se referme aussitôt. Le tube latéral se remplit donc de plus en plus, et le liquide finit par déborder à la partie supérieure.

Quand la soupape inférieure de la pompe foulante est plus ou moins élevée au-dessus du niveau de l'eau, celle-ci est d'abord aspirée comme par une pompe simplement aspirante; puis, arrivée au-dessus de la soupape en question, l'eau est refoulée dans le tube latéral par la descente du piston, en sorte que la pompe est en même temps aspirante et foulante. Le tube latéral se remplit donc de plus en plus, et le liquide finit par déborder à la partie supérieure. On peut ainsi refouler l'eau à une hauteur quelconque; mais on ne peut l'aspirer que jusqu'à une hauteur de dix mètres, mesurée entre le niveau extérieur du liquide et la soupape inférieure.

4. Du siphon.

Un *siphon* est un tube recourbé, dont l'une des branches est plus longue que l'autre, et qui sert à transvaser les liquides. A cet effet, on *amorce* le siphon, c'est-à-dire qu'on le remplit du liquide en question, soit directement, soit en aspirant par la grande branche le liquide dans lequel plonge la petite branche. Alors l'écoulement continue de lui-même, tant que le niveau du liquide, dans le vase où il coule, est au-dessous du niveau dans l'autre vase.

Pour expliquer cet écoulement à travers le siphon, il suffit de remarquer que le liquide contenu dans le siphon tend à tomber dans l'une et l'autre branche; mais alors il se ferait un vide au coude du siphon. C'est alors le liquide de la grande branche qui tombe comme étant le plus pesant, et c'est le liquide de la petite branche qui s'élève pour combler le vide produit dans la grande branche, pour tomber à son tour et être remplacé par une nouvelle portion de liquide aspirée par la petite branche. L'écoulement cesserait si la colonne du liquide venait à se diviser.

VII.

1. LE SON. — 2. SA VITESSE DANS L'AIR. — 3. MOYEN DE LA MESURER.

1. Le son.

Le son résulte d'un mouvement très-rapide de va-et-vient dans les corps : ce mouvement se communique aux molécules d'air environ nantes, et se propage en rayonnant dans toutes les directions avec une grande rapidité. Il faut, de plus, que ce mouvement produise sur l'oreille, qui est l'organe de l'ouïe, une sensation déterminée; car il y a des mouvements *vibratoires* qui ne produisent pas de son pour notre organe.

Le moyen le plus simple d'engendrer une *onde sonore*, est de pincer fortement une petite lame par l'un de ses bouts, et de la faire vibrer par l'autre bout, en l'écartant un peu de sa position d'équilibre, pour l'abandonner à elle-même; car la lame oscillera, de part et d'autre de cette position d'équilibre, absolument comme un pendule que l'on a écarté de la verticale, mais avec une rapidité incomparablement plus grande. Lorsque la lame s'avance d'un côté, elle pousse l'air devant elle, et le *condense*; elle occasionne derrière elle un certain vide, qui *raréfie* l'air. Quand elle revient en sens contraire, elle raréfie l'air qu'elle venait de condenser, et condense l'air qu'elle venait de raréfier. Eh bien! ce sont ces condensations et raréfactions alternatives de la couche d'air, immédiatement en contact avec la lame, qui, dans ce cas, constituent les ondes sonores. D'abord dirigées dans deux directions seulement, elles dévient bientôt dans tous les sens, et finissent par se propager dans l'air, en formant des ondes sphériques, dont le centre commun est la plaque *vibrante*.

Quand un corps solide, par exemple un métal très-élastique, vient à être frappé en l'un de ses points, il y a un son produit; car, sous le choc, la surface du métal s'est un peu enfoncée; et, après le choc, l'élasticité l'a fait revenir à son ancienne configuration, qu'elle a dépassée par l'effet d'une vitesse acquise, d'où sont résultées des vibrations extrêmement rapides. En frappant une cloche, tout le contour de cette cloche change infiniment peu, s'allongeant et se raccourcissant alternativement dans la direction du choc. Enfin, une corde tendue que l'on fait vibrer, soit en la frottant avec un archet, soit en la pinçant ou la frappant, pousse alternativement l'air des deux côtés, et produit des sons. En général toutes les ondes sonores résultent d'un mouvement très-rapide de va-et-vient, qui se communique nécessairement à l'air en contact.

2. Sa vitesse dans l'air.

Si l'on suppose, par la pensée, une seule vibration en un certain point, laquelle aura produit dans l'air telles condensations et raréfactions que l'on voudra, on prouve, et l'expérience confirme ce fait, que l'onde sonore se propage dans un canal rectiligne en conservant toujours sa forme et son intensité primitives, soit dans l'une, soit dans l'autre direction. Elle parcourt ainsi 333 mètres par seconde, l'air étant à la pression de 76 centimètres de mercure et à la température zéro ; car la vitesse s'accroît quand la température s'élève sans que la pression diminue.

Dans l'air atmosphérique, l'onde sonore se propage sphériquement ; elle conserve la forme qu'elle avait à l'origine, mais les condensations et raréfactions diminuent progressivement d'intensité, et l'onde s'efface peu à peu, comme un tableau dont on affaiblirait les couleurs. La vitesse de propagation est encore de 333 mètres par seconde.

3. Moyen de la mesurer.

Pour mesurer la vitesse du son dans l'air, on fait l'expérience suivante durant une nuit calme et sereine. Des coups de canon sont tirés à intervalles de temps convenus, et des observateurs placés à une grande distance, et de manière à voir la lumière produite par l'inflammation de la poudre, comptent, à l'aide d'excellents chronomètres à secondes, l'intervalle du temps qui s'écoule entre la lumière et la détonation. La lumière se propageant avec une vitesse assez grande pour qu'on puisse négliger le temps de cette propagation, l'intervalle ainsi mesuré donnera le temps de la propagation du son, d'une station à l'autre. On prend la moyenne de beaucoup de résultats ainsi obtenus. Enfin divisant la distance des deux stations par le nombre de secondes employé par le son qui l'a franchie, on a le chemin fait par l'onde sonore en une seconde, à la température et à la pression de l'air que l'on observe en même temps, pour passer, par le calcul, à la propagation qui aurait lieu dans une atmosphère à la température zéro, et à la pression de 760 millimètres de mercure.

VIII.

THÉORIE, CONSTRUCTION ET GRADUATION DES THERMOMÈTRES.

Un des effets les plus remarquables de la chaleur sur tous les corps est le changement de volume qu'elle y produit. En général, un corps qui s'échauffe augmente de volume, et un corps qui se refroidit diminue de volume. L'augmentation de volume est la *dilatation*, et la diminution s'appelle *contraction* ; l'une et l'autre se font suivant les trois dimensions des corps. Ce sont ces dilatations et ces contractions que l'on a prises pour mesure de la chaleur sensible ou de la température des corps, et les instruments imaginés dans ce but ont reçu le nom de *thermomètres*. La forme des thermomètres, leur nature et leur graduation ont beaucoup varié ; nous ne parlerons ici que de ceux auxquels on s'est arrêté généralement.

A l'une des extrémités d'un *tube* de verre d'un très-petit diamètre intérieur, on soude un *réservoir*, qui a la forme d'une boule ou d'un gros cylindre arrondi par les deux bouts : puis on remplit ce réservoir et une partie du tube d'un liquide, qui est ordinairement du mercure, et quelquefois de l'alcool ou de l'esprit-de-vin coloré en rouge. En chauffant le liquide, on chasse l'air, et l'on ferme à la lampe l'extrémité du tube. Cela fait, on plonge l'instrument dans un vase rempli de glace fondante, et l'on marque sur le tube l'extrémité de la colonne liquide, devenue stationnaire ; ensuite on porte l'instrument au-dessus d'un bain d'eau bouillante, en plongeant le réservoir dans la couche superficielle de ce bain, et l'on fait une seconde marque sur le tube, au bout de la colonne liquide, qui s'est considérablement allongée.

Ayant les deux points de la glace fondante et de l'eau bouillante, on divise leur intervalle sur le tube en 100 parties égales ou *degrés* Rien n'empêche ensuite de prolonger cette *graduation*, tant au-dessous du point de la glace fondante qui doit être marqué zéro, qu'au-dessus du point de l'eau bouillante, qui est marqué 100. Les degrés peuvent ainsi dépasser 100 ; mais les degrés inférieurs à 0 sont réputés négatifs, et doivent être précédés du signe — ; et l'on peut, si l'on veut, mettre le signe + en avant des degrés supérieurs à 0, lorsqu'on inscrit les indications de ce thermomètre, nommé *centigrade*.

La température d'un corps est donc son état thermométrique, c'est-à-dire le nombre de degrés que marque un thermomètre mis en contact intime avec ce corps. L'air atmosphérique varie beaucoup en température suivant les saisons ; et plus encore suivant la latitude. Ainsi, cette température de l'air peut s'élever jusqu'à 40 degrés centigrades, et baisser jusque vers 50 degrés sous zéro. Or, le mercure gelant vers 40 degrés sous zéro, il est nécessaire, pour mesurer les températures des régions polaires, d'employer des thermomètres à alcool, liquide dont on n'a pu encore produire la congélation. Il est vrai que les instruments de cette espèce donnent des indications moins régulières que celles des thermomètres à mercure ; alors on doit étudier la marche du thermomètre à alcool, en la comparant aux indications d'un thermomètre à *air*, c'est-à-dire rempli d'air qui, en se dilatant et se contractant, fait marcher un index ou petite colonne liquide ; car on verra plus loin que l'air se dilate uniformément à toute température.

On vient de voir que le thermomètre centigrade comprend 100 degrés entre la glace fondante et l'eau bouillante. Deluc et Réaumur avaient divisé le même intervalle en 80 degrés. Pour convertir les degrés du *thermomètre de Réaumur* en degrés du thermomètre centigrade, il faut donc les augmenter du quart ou les multiplier par la

fraction 5/4. Réciproquement, il faut diminuer les degrés centigrades d'un cinquième ou les multiplier par 4/5, pour reproduire
les degrés de Réaumur, dont l'usage est encore très-répandu.

Le thermomètre de Fahrenheit, employé par les Anglais, est tel, que
la glace fondante est marquée 32 degrés, et l'eau bouillante 212 degrés; en sorte que l'intervalle entre ces deux points comprend 480 degrés, au lieu des 400 degrés du thermomètre centigrade, et des
80 degrés du thermomètre de Réaumur.

<h2 style="text-align:center">IX.</h2>

**1. CHALEUR RAYONNANTE. — 2. COMMENT S'ÉTABLIT L'ÉQUILIBRE DE TEMPÉRA-
TURE ENTRE LES CORPS A DISTANCE? — 3. POUVOIRS ÉMISSIFS, ABSORBANT ET
RÉFLÉCHISSANT.**

1. Chaleur rayonnante.

La communication de la chaleur se fait à distance par voie de rayonnement. Il faut savoir que tous les corps émettent des *rayons de chaleur*, qui se propagent avec une extrême rapidité. Cette chaleur, dite
rayonnante, s'en va dans toutes les directions et s'atténue, en se divisant, proportionnellement au carré de la distance au point rayonnant.

2. Comment s'établit l'équilibre de température entre les corps à distance?

Dans une enceinte dont la température est uniforme, le rayonnement n'en existe pas moins, car tous les points reçoivent autant de
rayons qu'ils en émettent. S'il y avait des corps à des températures
différentes, les plus chauds rayonneraient plus qu'ils ne recevraient,
et par conséquent se refroidiraient; au contraire, les corps froids, re-
cevant plus de rayons qu'ils n'en émettent, se réchaufferaient; et cet
échange inégal subsisterait jusqu'à ce que l'équilibre de température
fût rétabli.

Quand plusieurs corps, diversement échauffés, sont en présence les
uns des autres, le rayonnement de la chaleur s'opère entre eux au
profit des moins échauffés, dont la température s'élève, et au détriment des plus échauffés, dont la température diminue. Cet échange
inégal s'opère jusqu'à ce que l'équilibre de température ait lieu; dans
ce cas, le rayonnement ne s'arrête pas, et chaque corps absorbe autant de rayons qu'il en émet, en sorte que sa température ne varie plus.

Les rayons de chaleur ont encore une autre propriété, c'est de passer à travers certains corps sans les échauffer. La transmission se fait
en ligne droite ou en ligne brisée, suivant que les faces d'entrée et de

sortie sont ou non perpendiculaires à ces rayons. De tous les corps diathermanes, c'est le sel de cuisine naturellement cristallisé qui possède cette propriété au plus haut degré. Les corps transparents ne sont pas toujours les plus diathermanes, et il y en a de tout à fait opaques qui laissent néanmoins passer les rayons de chaleur.

La chaleur rayonnante traverse les corps d'autant plus facilement qu'elle vient d'une source plus échauffée, plus lumineuse. Après avoir traversé une première lame de verre, par exemple, elle éprouve moins de perte en traversant une seconde lame, et encore moins en passant à travers une troisième, de la même manière que si les rayons se trouvaient tamisés aux premières lames.

3. Pouvoirs émissifs, absorbants et réfléchissants.

On a remarqué qu'un corps échauffé dont la surface est polie se refroidit moins vite que lorsque la surface est couverte d'aspérités, par exemple, rayée en sens divers ; et réciproquement, le corps étant froid, s'échauffera moins, sous l'influence des corps environnants, si sa surface est polie.

Le refroidissement et le réchauffement sont modifiés par la couleur du corps. Ainsi le corps dont la surface est noire perdra ou acquerra de la chaleur plus rapidement que si la surface est blanche.

Il est encore une autre cause qui diversifie le phénomène en question : c'est l'état de dureté du corps. Par exemple, un métal écroui, c'est-à-dire fortement comprimé, soit à coups de marteau, soit par la pression d'un laminoir, perd ou acquiert de la chaleur moins vite que si ce métal a été recuit, c'est-à-dire, rougi au feu et refroidi lentement.

On nomme pouvoir *rayonnant* ou pouvoir *émissif*, la faculté qu'a un corps de rayonner plus ou moins de sa chaleur propre. Ainsi, dans les mêmes circonstances, le noir de fumée et l'eau émettent dix fois plus de rayons calorifiques que les métaux polis.

Des rayons calorifiques qui viennent rencontrer la surface d'un corps, les uns pénètrent dans l'intérieur de ce corps, qui les absorbe ; tandis que les autres sont réfléchis par la surface, comme la lumière sur un miroir, en formant de part et d'autre de la normale des angles d'incidence et de réflexion égaux entre eux. Le *pouvoir absorbant* d'un corps exprimera donc la proportion des rayons incidents qu'il admet dans son intérieur, et qui élèvent sa température. Le *pouvoir réfléchissant*, qui est le complément du précédent, indique la proportion des rayons incidents qui se trouvent réfléchis, sans augmenter la température du corps.

Le pouvoir émissif et le pouvoir absorbant sont égaux entre eux, puisque les rayons trouvent la même facilité à sortir d'un corps qu'à y pénétrer : par conséquent, ce sont les métaux polis qui ont les moindres pouvoirs émissifs et absorbants, comme jouissant au plus haut degré du pouvoir réfléchissant.

Pour mesurer le pouvoir rayonnant des corps, et par suite leur pouvoir absorbant, on se sert d'un cube dont les faces sont formées de divers métaux, ou du même métal recouvert de différents enduits ; on remplit ce cube d'eau chaude dans laquelle on met un thermomètre, pour s'assurer de l'invariabilité de température du liquide. On tourne successivement chacune des faces du cube vers un miroir, qui réfléchit et concentre les rayons calorifiques sur un thermomètre, lequel indiquera des accroissements de température proportionnels aux pouvoirs rayonnants des faces du cube.

Lorsque la chaleur rayonnante tombe sur la surface d'un corps, tout ce qui n'est pas absorbé par ce corps se trouve *réfléchi*, c'est-à-dire, renvoyé sous forme de rayons, soit dans une direction déterminée, soit en sens divers. Dans le premier cas, on a une réflexion de chaleur dite *spéculaire* ; dans le second cas, la réflexion est *diffuse*.

La réflexion spéculaire est telle que le rayon calorifique incident, et le même rayon réfléchi, sont dans un même plan mené par la normale à la surface au point d'incidence. De plus, la normale fait avec le rayon réfléchi le même angle qu'avec le rayon incident, ces deux rayons étant de part et d'autre de la normale.

Quant à la réflexion diffuse, elle provient des aspérités de la surface du corps rayonnant, aspérités dont les facettes renvoient les rayons de chaleur, chacune suivant la loi indiquée pour la réflexion spéculaire. A mesure que l'on polit la surface du corps, la réflexion spéculaire augmente au détriment de la réflexion diffuse.

Les rayons qui viennent du soleil sont sensiblement parallèles entre eux. Reçus à la surface d'un miroir métallique tourné vers le soleil, ces rayons y sont réfléchis en majeure partie ; ils viennent s'entre-croiser en un point commun, qui est le *foyer* du miroir, et produisent en ce point une chaleur très-intense, capable d'enflammer les matières végétales.

Réciproquement, si l'on place un corps chaud, par exemple un boulet de fer rougi, au foyer d'un miroir métallique, les rayons qui viendront tomber sur ce miroir seront presque tous réfléchis parallèlement à l'axe de ce miroir, et si l'on reçoit ce faisceau de rayons sur un autre miroir placé en face du premier, les rayons, réfléchis pour la seconde fois, viendront s'entre-croiser au foyer du second miroir, en y produisant une chaleur de beaucoup supérieure à celle qui vient directement du boulet, et capable d'allumer de l'amadou.

Si, au lieu d'un corps chaud, on place un corps froid, comme la glace, au foyer de l'un des miroirs précédents, le foyer de l'autre miroir recevra beaucoup moins de rayons qu'il n'en émet en sens contraire ; et un corps placé à ce second foyer se refroidira, absolument de la même manière que si la glace avait envoyé des rayons *frigorifiques*, comme on l'avait cru d'abord.

X.

1. CONDUCTIBILITÉ DES CORPS POUR LA CHALEUR.— 2. DILATATION DES CORPS PAR LA CHALEUR. — 3. PENDULE COMPENSATEUR. — 4. MAXIMUM DE DENSITÉ DE L'EAU.

1. Conductibilité des corps pour la chaleur.

La *conductibilité* des corps pour la chaleur est la propriété qu'ils ont de transmettre de proche en proche la chaleur reçue par un de leurs points. De tous les corps, les métaux sont ceux qui conduisent le mieux la chaleur ; viennent ensuite les substances pierreuses, les matières végétales et animales, les liquides, et enfin les gaz ; mais dans les liquides et les gaz la communication de la chaleur est activée par les mouvements intérieurs de ces fluides, dont les parties se déplacent avec une grande facilité.

Pour mesurer les conductibilités de certains corps solides, on donne à ceux-ci la forme de cylindres très-allongés, de même diamètre et de même longueur ; et après les avoir soudés à la paroi extérieure d'une boîte métallique destinée à recevoir de l'eau bouillante, on les enduit d'une mince couche de cire. La chaleur de l'eau bouillante versée ensuite dans la boîte, se communique de proche en proche dans les cylindres, dont elle fond l'enduit de cire, sur une longueur d'autant plus grande que la matière du cylindre est plus conductrice.

L'expérience suivante fait connaître le mode de propagation de la chaleur dans une barre métallique dont l'une des extrémités est entretenue à une température élevée et constante. On a foré le long de cette barre, et à intervalles égaux, des trous remplis de mercure dans lequel plongent les boules d'autant de petits thermomètres. Quand l'équilibre de température est établi tout le long de la barre, on note les indications des thermomètres, qui, alors, reçoivent autant par conductibilité qu'ils perdent par le rayonnement des différents points de la barre et par le contact de l'air. On a ainsi la loi de décroissement de température de la barre, depuis son extrémité la plus chaude, jusqu'à son extrémité la plus froide.

2. Dilatation des corps par la chaleur.

La dilatation d'un corps solide par la chaleur a lieu en longueur, en largeur et en épaisseur, proportionnellement à ces trois dimensions et à la variation de température; c'est-à-dire que, si une unité de longueur s'étend d'un millième pour un degré de réchauffement, elle s'étendra du double pour deux degrés, et ainsi de suite; et que deux unités de longueur auront une dilatation double de la dilatation d'une seule unité, pour le même accroissement de température.

La fraction qui exprime la dilatation d'une unité de longueur pour un degré de réchauffement, est ce que l'on nomme le *coefficient de dilatation*. Il faut le doubler pour avoir le coefficient de la dilatation en surface, et le tripler pour avoir le coefficient de la dilatation en volume. La capacité d'un vase se dilate précisément comme le ferait un même volume plein de la matière du vase. Ainsi la dilatation *réelle* d'un liquide renfermé dans un vase est égale à sa dilatation *apparente*, augmentée de toute la dilatation réelle du vase.

Les solides se dilatent moins que les liquides, et ceux-ci moins que les gaz. Par exemple, le coefficient de la dilatation linéaire du verre étant 0,0000086, le coefficient de la dilatation en volume sera 0,0000258. Pour le mercure, le coefficient de la dilatation en volume est 0,00018 , ou environ 7 fois plus grand que pour le verre.

Pour déterminer la dilatation d'un corps solide, on le prend sous forme d'une règle plate ou d'une tige ronde, que l'on appuie par un bout contre un obstacle fixe; on examine la marche de son autre bout, en tenant ce corps dans un liquide porté à diverses températures.

Quand il s'agit d'un liquide, sa dilatation se mesure dans un vase formé d'une matière dont on connaît la dilatation, sachant d'ailleurs que la dilatation d'un vase est la même que si ce vase était massif et non pas creux. Ce vase doit se terminer par un tube d'un très-petit diamètre, dans lequel le liquide pénètre et marche d'une quantité notable par chaque variation de température suffisante. Connaissant la dilatation *apparente* du liquide dans le vase, on y ajoute la dilatation du vase, et la somme exprime la dilatation *réelle* du liquide.

Pour les gaz, on les renferme dans un tube thermométrique, en ayant soin de placer dans le tube une petite colonne ou index de mercure qui sépare le gaz de l'air extérieur. La marche de cet index indiquera la dilatation apparente du gaz; d'où l'on conclut, comme tout à l'heure, la dilatation réelle.

La dilatation des solides et des liquides est sensiblement uniforme; mais cette régularité n'existe plus lorsque les solides approchent de leur point de fusion, et les liquides de leur point de congélation.

On a trouvé que tous les gaz se dilatent à peu près de la même quantité pour le même accroissement de température. Cette dilatation, en volume, est de la fraction 0,00366 pour chaque degré

centigrade, en prenant pour unité le volume du gaz à la température
zéro.

3. Pendule compensateur.

On met à profit l'inégale dilatation des métaux pour faire ce qu'on
appelle des *pendules compensateurs*. Par exemple, le fer se dilatant
de 0,0000123 et le laiton ou cuivre jaune de 0,0000188, on voit
que 188 unités de longueur en fer se dilateront comme 123 unités de laiton. Par conséquent, si, à l'extrémité d'une tige de fer de
188 parties, on soude une tige de laiton de 123 parties, et qu'on
plie à sa soudure cette tige ainsi composée, de manière à ramener les
deux métaux l'un contre l'autre, la distance entre les deux extrémités
libres sera de 65 parties, et ne variera plus par la chaleur, puisque
les deux métaux s'allonger ont toujours de la même quantité à partir
du point de soudure. Donc, si l'on prend l'extrémité libre du fer pour
point de suspension, et qu'on place à l'extrémité libre du laiton une
boule ou une lentille, on aura un pendule à compensation invariable
par la chaleur. Ordinairement on prend plusieurs tiges de deux
espèces de métaux et on les ajuste en châssis.

4. Maximum de densité de l'eau.

Quand on prend de l'eau à la température de la glace fondante, et
qu'on élève sa température, le volume liquide, au lieu de se dilater,
diminue, et se trouve réduit d'environ un dix-millième à 4 degrés
centigrades. Chauffée davantage, l'eau recommence à se dilater, et
cela jusqu'à cent degrés. L'eau occupe le moindre volume, ou possède sa plus grande densité, sa densité maximum, à 4 degrés précisément. De cette température jusqu'à cent degrés, sa dilatation est
d'un vingt-quatrième ; mais cette dilatation est graduellement crois-
sante. Lorsqu'on refroidit l'eau en la tenant très-calme, on la conserve liquide jusque vers 15 degrés sous zéro et même au delà ;
et, chose singulière, l'augmentation du volume est la même à égale
distance au-dessus et au-dessous de 4 degrés.

XI.

1. CHANGEMENT D'ÉTAT DES CORPS. — 2. CALORIQUE SENSIBLE ET CALORIQUE LATENT.

1. Changement d'état des corps.

Par l'accumulation graduelle de la chaleur, les corps passent, en général, de l'état solide à l'état liquide, et de ce dernier à l'état de vapeur ou de fluide élastique. Réciproquement, un refroidissement graduel liquéfie les vapeurs et solidifie les liquides. Nous disons, en général, car il y a des corps solides qu'on n'a pu encore liquéfier; d'autres, qui passent immédiatement de l'état solide à l'état gazeux; enfin, il y a des liquides qu'on n'a pu encore amener à congélation, et des gaz qui n'ont pu être ni liquéfiés ni solidifiés.

L'eau, en se gelant, prend un volume plus grand d'environ un quinzième. C'est à cet accroissement de volume qu'est due la rupture des vases fermés dans lesquels la congélation surprend l'eau. La plupart des corps éprouvent un accroissement subit de volume en passant de l'état liquide à l'état solide, surtout lorsqu'il y a cristallisation. Quant aux vapeurs, elles acquièrent un volume considérable, eu égard à celui des liquides qui les engendrent.

La chaleur et le froid ne sont pas les seuls moyens employés pour changer l'état des corps. On y arrive encore par certaines actions chimiques et par quelques procédés mécaniques. Ainsi beaucoup de corps solides se liquéfient au contact d'un autre liquide; ainsi les vapeurs se condensent par une pression suffisamment forte.

2. Qu'est-ce que le calorique sensible et le calorique latent?

Lorsque les corps passent d'un état à un autre, il s'y opère un changement subit sous le rapport de la chaleur. Ainsi, l'eau qui passe de l'état de glace à l'état liquide, exige, pour cette transformation, une grande quantité de chaleur qui ne laisse aucune trace de son existence; et quand le liquide passe à l'état de vapeur, il absorbe une quantité encore plus grande de chaleur. Réciproquement, une vapeur qui vient à se liquéfier, et un liquide qui vient à se congeler, dégagent les mêmes quantités de chaleur qui avaient disparu dans les transformations en sens inverse. La chaleur qui disparaît et réapparaît dans les changements d'état des corps a reçu le nom de *chaleur latente,* par opposition à la *chaleur sensible* ou *thermométrique*, qui produit des sensations sur nos organes. Quand cette chaleur sensible augmente dans un corps, on dit que ce corps *s'échauffe,* et qu'il se *refroidit* lorsque cette chaleur diminue.

Nous prendrons pour unité de chaleur celle qui est nécessaire pour élever d'un degré du thermomètre centigrade la température d'un kilogramme d'eau.

Pour mesurer la chaleur latente de l'eau, on mélange rapidement de la glace à zéro avec de l'eau liquide suffisamment chaude ; et, quand la glace est toute fondue, on mesure la température du liquide, laquelle a baissé notablement. On trouve ainsi que la glace exige, pour se fondre, toute la chaleur nécessaire pour élever de 75 degrés centigrades un poids égal d'eau liquide ; tellement que si l'on mélange poids égaux de glace à zéro et d'eau à 75 degrés, on obtient le tout liquide à zéro. Dans le calcul des températures de semblables mélanges, on doit donc considérer de la glace à zéro comme de l'eau liquide à 75 degrés sous zéro.

XII.

1. MESURE DE LA FORCE ÉLASTIQUE DES VAPEURS. — 2. QUELLES SONT LES CAUSES QUI INFLUENT SUR LA QUANTITÉ DE VAPEUR CONTENUE DANS UN ESPACE DONNÉ ? — LOIS DU MÉLANGE DES GAZ ET DES VAPEURS.

1. Mesure de la force élastique des vapeurs.

La force élastique des vapeurs croît avec la température, et se mesure par le poids de la colonne mercurielle qu'elle est capable de soulever. A la même température, les vapeurs produites par différents liquides n'ont pas la même élasticité. Ainsi, à température égale, la force élastique de la vapeur d'eau est plus grande que la force élastique de la vapeur de mercure, et moindre que la force élastique de la vapeur d'éther ; tellement que la force élastique de l'éther à 30 degrés centigrades, est la même que celle de l'eau à 100 degrés, la même que celle du mercure à 360 degrés, températures auxquelles ces trois vapeurs soulèvent la colonne atmosphérique.

Jadis on considérait les gaz et les vapeurs comme formant deux classes de fluides élastiques. Les gaz demeuraient fluides élastiques, quelles que fussent leur pression et leur température, tandis que les vapeurs cessaient d'être fluides élastiques, en se liquéfiant par un refroidissement ou une compression suffisante. Mais, depuis quelques années, on est parvenu à liquéfier la plupart des gaz, et il n'en reste plus que trois, savoir, l'oxygène, l'hydrogène et l'azote, qui aient échappé à la liquéfaction. Il est évident que tous les fluides élastiques doivent être assimilés aux vapeurs, et qu'il n'y a de différence entre eux que dans la plus ou moins grande persistance de leur élasticité.

Si l'on conserve assez longtemps un vase plein d'eau et ouvert, on s'aperçoit que le niveau du liquide baisse graduellement, et que le liquide finit même par disparaître en totalité. Cela vient de ce que l'eau passe à l'état de fluide élastique ou de vapeur, et d'autant plus vite que l'air est plus chaud et se renouvelle plus souvent à la surface du liquide. Cette *évaporation* est néanmoins excessivement lente, et pour l'activer, il faut élever artificiellement la température de l'eau, la porter par exemple à 100 degrés, terme de son *ébullition*, qui est un dégagement plus rapide de la vapeur. Celle-ci est transparente et invisible comme l'air; mais, en arrivant dans un air plus froid, elle se liquéfie partiellement, et retombe sous forme de petites gouttelettes, qui donnent lieu à une espèce de brouillard. Remarquons enfin qu'un corps humide se dessèche par l'évaporation spontanée de l'eau qu'il renferme dans ses pores.

On a vu qu'une colonne verticale de mercure de 76 centimètres de hauteur fait équilibre à la pression de l'air, et qu'il ne reste rien au-dessus de la colonne mercurielle dans le tube d'un baromètre; cet espace est ce qu'on nomme le vide barométrique. Si l'on y introduit une goutte d'eau, on voit celle-ci disparaître en tout ou en partie, et la colonne de mercure diminuer d'une manière très-sensible, comme d'un ou deux centimètres. C'est qu'alors le vide barométrique s'est rempli de vapeur d'eau invisible, ayant une force élastique nécessairement représentée par la dépression de la colonne mercurielle, car le poids de la goutte d'eau introduite est nul en comparaison.

Il se forme donc de la vapeur dans le vide, et ce n'est pas l'air qui donne lieu à l'évaporation de l'eau; au contraire, la présence de l'air est un obstacle à la production rapide de la vapeur; car si l'on met sous le récipient d'une machine pneumatique un vase rempli d'eau, et qu'on fasse rapidement le vide, l'eau entre un instant comme en ébullition, tant est rapide le dégagement de la vapeur; nous disons *un instant*, car bientôt l'agitation du liquide cesse, de même que si l'évaporation avait un terme, et c'est en effet ce qui a lieu, comme nous le verrons ci-après.

Quand on a de la vapeur sans eau dans un tube vertical, fermé par le haut, ouvert par le bas et plongeant dans un bain de mercure, si l'on vient à augmenter l'espace occupé par cette vapeur, en retirant

8

plus ou moins le tube hors du bain de mercure, sans toutefois qu'il cesse d'y plonger, on trouve que la force élastique de la vapeur est d'autant moindre que son volume est plus grand, et réciproquement, ce qui est la loi de Mariotte pour les gaz.

Si l'on chauffe cette même vapeur, toujours débarrassée d'eau, on trouve qu'elle se dilate de la fraction 0,00366 ou 1|273 de son volume à zéro pour chaque degré d'augmentation en température, absolument comme les gaz ordinaires. Ainsi, la vapeur d'eau, et celle de tous les autres liquides, obéissent aux mêmes lois que l'air, sous le rapport des pressions et des dilatations par la chaleur.

La loi de Mariotte cesse d'être applicable à la vapeur, quand celle-ci restant à la même température, diminue par trop son volume en augmentant sa pression ; et il arrive un terme où la pression est au *maximum* : si l'on réduit le volume de la vapeur au-dessous de cette limite, une partie de la vapeur se *condense*, c'est-à-dire redevient liquide, et se dépose sous forme de gouttelettes contre les parois du vase ; de telle manière que la pression reste à cet état maximum qu'elle avait atteint au commencement de la liquéfaction, et que le liquide, ainsi déposé, représente exactement la vapeur qui occupait la portion du volume éliminée depuis cet instant. Si donc on réduisait de moitié un volume de vapeur au maximum de pression, une moitié de cette vapeur se condenserait ; et si l'on revenait au volume primitif, le liquide ainsi produit repasserait tout entier à l'état de vapeur, sans que la vapeur ait cessé d'avoir sa pression, ou tension, ou force élastique maximum. C'est ce qu'on exprime en disant que la vapeur, à son maximum de pression, ne se laisse pas *comprimer*. L'espace qu'elle occupe alors est *saturé* de vapeur, et la vapeur est dite à *saturation*.

A toute température il y a une expression maximum pour la vapeur d'eau, comme on le verra par le tableau suivant, où les pressions maximum sont exprimées par des millimètres de mercure :

Températures	0°	5°	10°	15°	20°	25°	50°	100°
Pressions	6	7	9,5	12,8	17,3	23,4	88,7	760

On voit ainsi que la pression maximum de la vapeur à 100 degrés, est la même que celle de l'atmosphère, et voilà pourquoi la vapeur soulève alors l'air extérieur tout d'une masse, lorsqu'elle s'échappe du vase où elle bouillonne. Au dela de 100 degrés, la force élastique maximum de la vapeur s'accroît très-rapidement, et il est nécessaire de renfermer l'eau dans un vase à fortes parois, vu que la pression atmosphérique ne peut plus contre-balancer le ressort de la vapeur.

L'expérience de la production de la vapeur à une température plus grande que 100 degrés, se fait dans une marmite de Papin, ainsi désignée par le nom de son inventeur. C'est un vase métallique, dont le couvercle est maintenu en place par une vis de pression ou un levier chargé d'un poids suffisant. Lorsque l'eau de cette marmite à dépassé plus ou moins le terme d'ébullition dans les vases ouverts, on retire un bouchon placé au couvercle, et la vapeur s'échappe en sifflant et projetant une gerbe de vapeur vésiculaire, due à la condensation d'une portion de vapeur invisible. Ce jet dure jusqu'à ce que l'eau de la marmite retombe à 100 degrés, terme auquel la pression de l'atmosphère contre-balance la force élastique de la vapeur.

Quand il y a suffisamment d'eau dans une enceinte fermée, quelle que soit la température de l'enceinte, il s'y formera de la vapeur, qui finira toujours par arriver à son maximum de pression ; en d'autres termes, l'enceinte se trouvera finalement saturée de vapeur.

2. Quelles sont les causes qui influent sur la quantité de vapeur contenue dans un espace donné ?

Toutes les fois qu'un liquide est pur et en quantité suffisante, il produit, dans un espace limité, une vapeur qui arrive toujours à son maximum de tension, quelle que soit la température. Mais cette quantité de vapeur change quand le liquide n'est pas pur. Lorsque, par exemple, l'eau renferme du sel marin en dissolution, la vapeur qu'elle produit atteint une force élastique moindre qu'auparavant, et d'autant moindre que la quantité de sel est plus considérable, la température étant d'ailleurs la même.

3. Lois du mélange des gaz et des vapeurs.

La vapeur se forme dans l'air en même quantité que dans le vide, mais sa production y est bien moins rapide, par suite de l'obstacle tout mécanique qu'elle rencontre dans ce gaz. Pour les calculs relatifs aux mélanges des gaz et des vapeurs, il faut considérer les vapeurs comme existant seules. Par exemple, ayant de l'air sous la pression de 760 millimètres dans un vase fermé, où l'on introduit assez d'eau pour saturer l'espace à la température de 25 degrés, il se produira là une vapeur ayant, d'après le tableau précédent, la pression maximum de 23 millimètres, qui, s'ajoutant à la pression de l'air, produira un mélange à 783 millimètres ; et si l'on voulait que ce mélange revînt à la pression de 760, il faudrait que l'air fût, pour sa part, à la pression de 760—23 , ou de 737 , puisque la vapeur pressera toujours comme 23 . D'après la loi de Mariotte, il faudra donc que le volume de l'air, qui est le même que celui du mélange, augmente dans le rapport de 737 à 760 .

XIII.

1. CHALEUR SPÉCIFIQUE DES CORPS. — 2. COMMENT LA MESURE-T-ON AVEC LE CALORIMÈTRE DE GLACE , OU PAR LA MÉTHODE DES MÉLANGES ?

1. Chaleur spécifique des corps.

Les corps exigent plus ou moins de chaleur pour s'élever d'un même nombre de degrés en température : de là les *chaleurs spécifiques*, c'est-à-dire propres à telle ou telle espèce de substance. En général, la chaleur spécifique croît un peu avec la température du corps ; c'est-à-dire, par exemple, qu'il faut un peu plus de chaleur pour chauffer du fer de 100 à 101 degrés, que pour le chauffer de zéro à 1 degré.

Nous avons dit plus haut que nous prendrions pour unité de chaleur celle qui élève d'un degré centigrade la température d'un kilogramme d'eau. Nous prendrons encore avec tous les physiciens, la chaleur spécifique de l'eau pour unité, c'est-à-dire la chaleur nécessaire pour élever d'un degré la température d'un kilogramme d'eau.

2. Comment mesure-t-on la chaleur spécifique des solides et des liquides avec le calorimètre de glace, ou par la méthode des mélanges ?

Pour mesurer la chaleur spécifique des solides et des liquides, on mélange des poids déterminés d'eau et du corps dont on cherche la chaleur spécifique, l'un et l'autre étant primitivement à des températures assez différentes ; et quand le mélange est arrivé à une température commune et intermédiaire, il ne reste plus qu'à la mesurer. Alors la quantité de chaleur gagnée par l'une des substances doit être précisément égale à la quantité de chaleur perdue par l'autre, si toutefois le mélange a été fait rapidement.

Par exemple, si l'on mêle un kilogramme d'eau à 45 degrés avec un kilogramme de mercure à 21 degrés, le mélange aura une température de 41 degrés. Ainsi, les 4 degrés perdus par l'eau représentent la même chaleur que les 20 degrés gagnés par le mercure ; en d'autres termes, la chaleur spécifique du mercure n'est que le cinquième de celle de l'eau. Cette méthode, dite des mélanges, s'applique aussi aux corps solides que l'on peut mettre dans l'eau.

On détermine encore la chaleur spécifique par le *calorimètre de glace*; c'est un vase environné de tous côtés par de la glace à zéro. Des masses égales de diverses substances, élevées à la même température, occasionneront la fusion de quantités de glace proportionnelles à leur chaleur spécifique, lorsqu'on les mettra successivement dans le calorimètre de glace, qui est un vase à parois de glace, et que l'on ferme avec un couvercle aussi de glace. On le construit encore au moyen de deux vases métalliques, l'un placé dans l'autre. On remplit de glace pilée l'intervalle qui les sépare, et l'on met encore de la glace pilée dans le vase intérieur, qui renferme, en outre, un grillage destiné à recevoir des corps échauffés. Chaque vase porte un couvercle chargé de glace pilée. À la partie inférieure de ces vases se trouvent des robinets destinés à l'écoulement de l'eau provenant de la fusion de la glace. L'eau qui coule du vase intérieur est censée n'avoir absorbé que la chaleur du corps placé dans le grillage; tandis que l'eau qui s'échappe du vase extérieur, n'aurait absorbé que la chaleur de l'air environnant.

XIV.

1. MESURE DU CALORIQUE DE VAPORISATION DE L'EAU. — 2. DONNER UNE IDÉE DES MACHINES À VAPEUR.

1. Mesure du calorique de vaporisation de l'eau.

Pour mesurer la chaleur latente de la vapeur d'eau, on fait arriver, par exemple, un courant de cette vapeur à 100 degrés dans de l'eau à zéro, et l'on mesure l'élévation de la température du liquide après la liquéfaction d'un poids déterminé de vapeur. On trouve ainsi que la vapeur, en se liquéfiant, dégage toute la chaleur nécessaire pour élever de 550 degrés la température du même poids d'eau liquide, ou, ce qui revient au même, pour porter de zéro à 100 degrés un poids d'eau cinq fois et demie plus grand. Ainsi un kilogramme de vapeur à 100 degrés, liquéfié dans 5 kilog. et demi d'eau à zéro, donne 6 kilog. et demi d'eau à 100 degrés. Par conséquent, en calculant les températures de semblables mélanges, on doit considérer la vapeur d'eau à 100 degrés comme de l'eau liquide à 650 degrés.

On met à profit cette chaleur latente de la vapeur pour chauffer les bains, sans être obligé d'allumer du combustible sous les réservoirs, ni de transvaser l'eau chaude. On a une seule chaudière où l'on réduit l'eau en vapeur, laquelle est amenée, par des tubes, jusque dans l'eau qu'il s'agit de chauffer sur place. Au contact de l'eau froide, la vapeur se liquéfie et abandonne sa chaleur latente, qui élève rapidement la température de tout le liquide.

4. Donner une idée des machines à vapeur.

La vapeur, sous une pression maximum égale ou supérieure à celle de l'atmosphère, est employée à donner l'impulsion à des machines, dont la force peut être très-énergique. Les machines à vapeur sont dites à *basse pression* lorsque l'élasticité de la vapeur n'y dépasse pas la pression atmosphérique, auquel cas on agrandit indéfiniment la puissance des machines en élargissant les pistons que pousse la vapeur. Dans les machines dites *à haute pression*, la vapeur possède une force de plusieurs atmosphères.

La vapeur est produite par un feu de charbon, dans une vaste chaudière. De là elle se rend dans la partie inférieure d'un corps de pompe, dont elle soulève le piston. Quand celui-ci est arrivé à la fin de sa course ascendante, la vapeur placée en dessous trouve une issue pour s'échapper à l'extérieur, soit à l'air libre, soit dans un récipient plein d'eau où elle se condense. Au même instant, la vapeur de la chaudière arrive, par une autre issue, au-dessus du piston qu'elle pousse de haut en bas, pour s'échapper à son tour, et être remplacée par une nouvelle quantité de vapeur arrivant sous le piston. C'est ainsi que ce piston est poussé en sens divers par la force élastique de la vapeur, et qu'il met en mouvement toute espèce de machine employée dans l'industrie.

Quand la vapeur pousse ainsi le piston alternativement dans les deux sens, la machine est dite *à double effet*. Elle est *à simple effet*, quand la vapeur n'agit que pour soulever le piston, qui retombe ensuite par la simple pression atmosphérique, quand la vapeur, disparaissant du corps de pompe, laisse un vide au-dessous du piston.

XV.

1. CONSTRUCTION DE L'HYGROMÈTRE A CHEVEU. — 2. QU'EST-CE QUE L'ÉTAT HYGROMÉTRIQUE D'UN LIEU, ET COMMENT LE DÉTERMINE-T-ON? — 3. VAPORISATION. — 4. CONGÉLATION DE L'EAU DANS LE VIDE. — 5. BROUILLARDS. — 6. ROSÉE. — 7. GELÉE BLANCHE. — 8. GLACE. — 9. VERGLAS.

1. Construction de l'hygromètre à cheveu.

Un hygromètre est un instrument au moyen duquel on reconnaît les quantités relatives d'humidité et de vapeur d'eau répandues dans l'atmosphère. On en a imaginé de bien des espèces, fondées sur la propriété que possèdent certains corps d'absorber la vapeur aqueuse.

Ces corps s'allongent par l'absorption de nouvelles quantités de vapeur, et se raccourcissent en se desséchant. L'absorption a lieu quand l'air devient plus humide, et le dessèchement quand l'air devient moins humide, ce qui permet de constater divers degrés d'humidité et de sécheresse.

L'hygromètre de Saussure se compose essentiellement d'un long cheveu, dégraissé dans une eau de savon. Ce cheveu, étant fixé par son bout supérieur, s'enroule vers le bas autour d'une petite poulie mobile, dont l'axe porte une aiguille destinée à parcourir les divisions d'un arc de cercle gradué.

Le cheveu s'allonge quand l'humidité augmente, et se raccourcit quand elle diminue; ce qui donne à la poulie des mouvements en sens contraires, et entraîne l'aiguille alternativement vers les deux extrémités de l'arc gradué. On met d'abord l'hygromètre sous une cloche, avec des substances siccatives, comme la chaux, la potasse, l'acide sulfurique, etc., qui s'emparent de toute la vapeur contenue dans l'air de la cloche. L'aiguille de l'hygromètre marque alors le point de la sécheresse extrême, que l'on désigne par zéro. On remplace ensuite les corps siccatifs par de l'eau, et quand l'air de la cloche est saturé de vapeur, l'aiguille de l'hygromètre marque le point d'humidité extrême indiqué par le nombre cent. L'arc compris entre ces deux points se divise finalement en cent parties égales, qui représentent autant de degrés d'humidité.

2. Qu'est ce que l'état hygrométrique d'un lieu, et comment le détermine-t-on ?

L'état hygrométrique d'un lieu est indiqué par le degré d'humidité qu'y marque l'hygromètre. A cet effet, il faut que l'air de ce lieu communique librement avec le cheveu de l'hygromètre; un certain temps est nécessaire pour que le cheveu se mette en équilibre avec le degré d'humidité de l'air.

On a déterminé, par l'observation de la vapeur d'eau à divers points de saturation, la force élastique de la vapeur aqueuse, et le degré qu'y marque l'hygromètre. Cet instrument, transporté à l'air libre, donnera donc un certain degré hygrométrique qui correspondra à une certaine force élastique de la vapeur, laquelle force sera une fraction déterminée de l'élasticité maximum de la vapeur à la même température; et l'on connaîtra ainsi le rapport de la quantité de vapeur contenue dans l'air, à la quantité qui constituerait l'humidité extrême.

3. Vaporisation.

On entend par *vaporisation* la production forcée de la vapeur à l'aide d'une chaleur artificielle. C'est ainsi que l'eau se transforme en vapeur dans toutes les machines où celle-ci joue un rôle.

Quant à l'*évaporation*, elle est spontanée. Un liquide, à la température de l'air ambiant, se transforme de lui-même en vapeur, à cause que l'espace environnant n'est pas saturé de vapeur, et jusqu'à ce que cette saturation ait lieu, auquel cas le liquide cesse de s'évaporer.

L'évaporation produit un certain froid, parce que la vapeur, pour se former, exige, comme nous l'avons dit, une quantité notable de chaleur, qui devient latente. Alors le liquide reprend aux parois du vase qui le renferme, à l'air environnant, et à ses propres couches inférieures, la quantité de chaleur qu'exige pour s'évaporer la couche placée au niveau même.

4. Congélation de l'eau dans le vide.

On produit de la glace sous le récipient de la machine pneumatique, même en été. A cet effet, on place sous le récipient un vase à large orifice plein d'acide sulfurique concentré et très-avide d'eau. Au-dessus de ce vase, et à une certaine distance de celui-ci, on met une capsule métallique, à parois très-minces, de peu de profondeur, dans laquelle on verse une couche d'eau de deux ou trois millimètres seulement d'épaisseur. Alors on fait le vide; l'eau s'évapore d'elle-même, et d'autant plus vite que le vide est plus parfait, et que la vapeur est absorbée plus rapidement par l'acide sulfurique, au fur et à mesure qu'elle se produit. L'eau de la capsule se refroidit, parce que sa chaleur est absorbée par la vapeur, et ce qui reste d'eau finit par se congeler.

5. Brouillards.

Le brouillard résulte de la première condensation des vapeurs atmosphériques; alors les gouttelettes d'eau sont imperceptibles, et leur ensemble apparaît sous la forme de fumée. Les brouillards se produisent, en général, le matin et le soir. Le soir, ils se répandent partout; et le matin, principalement au-dessus des rivières et des lacs.

Les nuages résultent d'un brouillard dont les gouttelettes ont suffisamment grossi; ces gouttelettes sont entraînées par les courants d'air, à des hauteurs plus ou moins grandes dans l'atmosphère. Certains auteurs ont supposé qu'elles étaient creuses, formant ainsi des enveloppes analogues aux bulles de savon; mais, pleines ou creuses, il est assez difficile d'expliquer pourquoi elles se soutiennent si long-temps dans les airs, lors même que le nuage paraît stationnaire. Les nuages se forment à toute hauteur, mais principalement vers 3 090 mètres au-dessus du niveau des mers.

Quand par leur rencontre mutuelle, les gouttelettes qui composent un nuage ont acquis une grosseur suffisante, elles tombent sous forme de *pluie*. On mesure la quantité de pluie que reçoit un lieu déterminé au moyen d'un *pluviomètre*, vase disposé pour recevoir la pluie. Divisant le volume total de la pluie ainsi recueillie durant une année, par la surface que présente l'orifice du vase, on a pour quotient l'épaisseur de la couche d'eau qui eût recouvert le sol, si l'eau n'avait été ni absorbée par la terre ni évaporée dans l'air.

On a observé que la couche de pluie qui tombe annuellement à l'équateur est d'environ 3 mètres. Dans nos climats, vers 45 degrés de latitude, elle n'est plus que de 8 décimètres; mais il y a d'énormes différences pour des lieux situés à la même latitude, différences qui résultent du voisinage des mers et de la direction ordinaire des vents.

6. Rosée.

La rosée n'est qu'un dépôt de la vapeur d'eau atmosphérique, qui se forme la nuit sur les corps très-refroidis. Quand le ciel est serein, la surface du sol rayonne vers le ciel, qui lui renvoie moins de chaleur; en sorte que la terre, dont le pouvoir émissif est considérable, arrive à une température bien inférieure à celle de la couche d'air en contact; alors une partie de la vapeur contenue dans cette couche repasse à l'état liquide, et se forme en gouttelettes à la surface de la terre et de la plupart des corps qui s'y rencontrent.

La quantité de rosée qui se forme dépend donc de la pureté du ciel: elle sera plus abondante encore si l'air est un peu agité, de manière à ce que plusieurs couches viennent se mettre tour à tour en contact avec le sol; mais il ne faudrait pas qu'il régnât un vent fort, parce que le contact trop souvent renouvelé de l'air et de la terre empêcherait celle-ci de se refroidir suffisamment.

La présence des nuages est un obstacle à la production de la rosée, parce que ces nuages interceptent tout ou partie des rayons qui de la terre iraient se perdre dans l'espace, et les renvoient vers le sol. Il suffira donc d'abriter une partie de la surface terrestre, pour qu'il ne s'y dépose pas de rosée. Dans des circonstances égales, la terre végétale reçoit plus de rosée que les plantes, celles-ci plus que les pierres, et ces dernières plus que les métaux, parce que le rayonnement, et par suite le refroidissement de ces diverses substances, sont rangés dans le même ordre en allant du plus au moins.

7. Gelée blanche.

Quand, par une nuit très-calme, le ciel est parfaitement pur et transparent, le rayonnement qui s'opère à la surface de la terre peut produire un refroidissement tel qu'il y ait, non-seulement un abondant dépôt de vapeur, mais encore une congélation de cette vapeur à la surface de toutes les parties des plantes tournées vers le ciel. Il y a alors production de ce qu'on appelle *givre* ou *gelée blanche*.

Dans les mêmes circonstances, les nappes d'eau qui ont très-peu de profondeur sont aussi susceptibles de se geler, en tout ou en partie. Ainsi, dans l'Inde, on se procure de la glace en exposant, durant les nuits sereines, des vases d'eau peu profonds, que l'on pose sur des nattes de paille pour intercepter toute communication de chaleur avec le sol, et soumettre l'eau à toute l'influence du rayonnement nocturne.

8. Verglas.

Quand la température du sol est inférieure à zéro, s'il vient à tomber un peu de pluie, celle-ci se gèle à la surface de tous les corps, et y forme comme un enduit de glace, unie et transparente, que l'on nomme verglas. Il ne se produit point de verglas, lorsque la pluie est plus que suffisante pour mouiller les corps ; car la chaleur qu'elle apporterait pourrait élever la température au-dessus du point de congélation de l'eau. Enfin, le verglas peut se former, soit sur un sol nu, soit sur la neige qui le recouvrirait déjà.

XVI.

1. FAIRE CONNAITRE LES FAITS PRINCIPAUX SUR LESQUELS REPOSE L'HYPOTHÈSE DES DEUX FLUIDES ÉLECTRIQUES. — 2. LOIS DES ATTRACTIONS OU DES RÉPULSIONS ÉLECTRIQUES. — 3. ÉLECTROMÈTRES ET ÉLECTROSCOPES. — 4. MACHINE ÉLECTRIQUE.

1. Faire connaître les faits principaux sur lesquels repose l'hypothèse des deux fluides électriques.

La manière la plus ordinaire et la plus efficace de développer l'électricité est de frotter deux corps l'un contre l'autre. On en développe un peu par la simple pression. La chaleur en dégage de certains corps comme la tourmaline. Enfin, le contact de deux corps hétérogènes et les actions chimiques sont presque toujours accompagnés d'électricité.

Un tube de verre, un bâton de résine, un morceau d'ambre, frottés avec une étoffe de laine ou une peau de chat, attirent à eux les petits corps placés à peu de distance. Quelques-uns y adhèrent; d'autres, après les avoir touchés, sont repoussés vivement. Si l'on approche ces corps frottés de la main ou du visage, on éprouve une sensation pareille à celle que produiraient des toiles d'araignée, et si on les touche, on entend le pétillement d'une étincelle qui s'élance sur le corps qu'on leur a présenté. Cette étincelle devient visible dans l'obscurité. On appelle *électricité* la cause de ces phénomènes, du mot grec *électron*, qui signifie ambre, substance déjà essayée par les anciens.

Les substances vitrées et résineuses deviennent électriques par frottement. Mais cette expérience ne réussit avec les métaux qu'autant qu'on tient ceux-ci sur des supports ou par des manches de verre ou de résine bien secs. Si ensuite on les touche avec le doigt ou avec un autre métal, ils perdent subitement leur électricité. Il faut donc distinguer des corps *conducteurs*, c'est-à-dire qui transmettent ou laissent écouler l'électricité, et des corps *non conducteurs* ou *isolants*, c'est-à-dire qui conservent l'électricité, qu'on y a développée par le frottement.

A la rigueur, il n'y a pas une distinction tranchée à faire entre les corps, sous le rapport de leur conductibilité pour l'électricité; mais il y a gradation des uns aux autres. Ainsi les métaux possèdent le meilleur pouvoir conducteur; puis viennent les dissolutions acides, alcalines et salines; l'eau pure n'est que médiocrement conductrice, de même que les oxydes métalliques, les pierres, le bois, etc. Enfin, les plus mauvais conducteurs sont le soufre, le verre, les résines et les gommes, la soie, et en général les matières végétales et animales desséchées. L'air atmosphérique empêche l'électricité de sortir des corps conducteurs, mais il faut que cet air ne soit pas trop humide, auquel cas l'électricité s'écoulerait par la vapeur aqueuse. On donne le nom d'isoloir à tous les corps non conducteurs qui servent à prévenir la déperdition de l'électricité. Dans ce but, on suspend les corps par des fils ou des cordons de soie, ou bien on les tient par des supports ou des manches de verre.

Si l'on suspend, par un fil de soie, une petite boule de sureau, celle-ci sera *isolée* et conservera l'électricité qu'on lui aura *communiquée* par le contact d'un tube de verre ou de résine frotté. Lorsqu'on approche, pour la première fois, le tube frotté, la boule de sureau est attirée; elle vient toucher le tube, puis aussitôt elle le fuit et persiste à le fuir : d'où l'on conclut que les corps qui partagent entre eux la même électricité se repoussent. Pareille chose arrive si l'on touche, avec le tube frotté, deux boules de sureau suspendues chacune à un fil et en contact : aussitôt qu'elles ont reçu la même électricité, elles se fuient, en faisant diverger leurs fils.

Mais si, après avoir fait prendre à une boule de sureau l'électricité d'un tube de verre par exemple, on approche de cette boule un tube de résine frotté, bien loin de fuir ce nouveau tube, elle s'en approchera avec plus de rapidité que si elle se trouvait à son état naturel. La même attraction a lieu si l'on touche d'abord la boule avec le tube de résine, pour approcher ensuite le tube de verre.

On doit donc considérer deux espèces d'électricité : l'une analogue à celle que développe le verre frotté par une étoffe de laine ; l'autre, semblable à celle que prend la résine ainsi frottée. La première se nomme *électricité vitrée*, et la seconde *électricité résineuse;* mais certains physiciens donnent, à l'une le nom d'*électricité positive* ou *en plus*, et à l'autre, celui d'*électricité négative* ou *en moins*. Nous emploierons indistinctement ces expressions.

Cela posé, toutes les fois que l'on frotte deux corps ensemble, leur électricité *naturelle* ou *neutre* se trouve décomposée en électricité vitrée ou positive, qui se porte sur l'un des corps, et en électricité résineuse ou négative, qui se porte sur l'autre. Si les deux corps sont conducteurs, les deux fluides, ainsi séparés, se recombinent aussitôt ; mais si ces corps, ou seulement l'un d'eux, est non conducteur, les deux fluides restent isolés, pourvu toutefois que leur accumulation ne soit pas trop grande ; car il arrive toujours un terme où le frottement n'ajoute plus rien à la charge électrique, les nouvelles portions de fluides se recombinant au fur et à mesure de leur séparation.

2. Lois des attractions et des répulsions électriques.

On vient d'exposer les faits sur lesquels est fondée la théorie des deux fluides électriques, et comment naissent les attractions et les répulsions dans tous les cas possibles. Reste à indiquer suivant quelles lois cette action a lieu. On a trouvé que, pour des quantités constantes de fluides électriques, les attractions et les répulsions sont en raison inverse du carré de la distance ; et, pour une même distance, en raison directe des quantités d'électricité sur chaque corps, en sorte que l'action est proportionnelle au produit des deux masses électriques.

Soit un cylindre conducteur, placé horizontalement sur un support isolant : on y suspend, de distance en distance, et deux par deux, de petites boules de sureau, à l'aide de fils de chanvre, qui est conducteur. Dans cet état, on approche un corps électrisé de l'un des bouts du cylindre, mais sans le toucher : aussitôt, on voit chaque boule s'éloigner de sa voisine, preuve qu'elles sont électrisées deux à deux de

la même manière; les répulsions sont plus fortes vers les deux bouts
du cylindre qu'au milieu, où elles sont presque nulles. Si maintenant
on éloigne le corps électrisé, toutes les boules reviennent au contact,
preuve qu'il n'y a plus d'électricité sur le cylindre. Nouveau développement d'électricité si l'on rapproche le corps électrisé, et disparition
de cette électricité si l'on retire ce dernier corps.

Pour expliquer ce phénomène, il faut admettre que tous les corps
possèdent des quantités égales d'électricité vitrée et d'électricité résineuse, qui, par leur combinaison, forment une électricité neutre, et
constituent les corps à l'état naturel. Alors, si l'on approche de notre
cylindre conducteur un corps préalablement chargé d'électricité vitrée,
par exemple, celui-ci décompose à distance les électricités du cylindre, attirant à elle l'électricité de nom contraire, et repoussant l'électricité de même nom; et, en effet, on trouve que la partie du cylindre
la plus proche du corps chargé d'électricité vitrée devient chargée d'électricité
résineuse, tandis que le bout opposé ne recèle que de l'électricité
vitrée. Cette décomposition de l'électricité à *distance* est dite aussi
par influence.

Ainsi, toutes les fois qu'un corps vient à être électrisé, il réagit
tout autour de lui sur les corps environnants, attirant sur les surfaces
qui le regardent une électricité de nom contraire à la sienne, et repoussant sur les surfaces opposées l'électricité de même nom. De plus,
toute cette électricité développée par influence réagit à son tour sur
le corps primitivement électrisé, soit pour disposer autrement l'électricité préexistante, soit pour en développer de nouvelles quantités.
En général, deux corps ne peuvent réagir l'un sur l'autre, si tous deux
ne sont chargés d'électricité développée d'une manière quelconque;
c'est pour cela que l'action à distance sur les corps conducteurs est
plus grande que sur les corps non conducteurs, parce que les premiers,
mieux que les seconds, permettent aux fluides électriques d'y cir-
culer.

L'expérience montre que la quantité d'électricité que prennent les
corps dépend uniquement de leurs surfaces; en sorte qu'une boule
pleine et une boule creuse, de même rayon, étant mises en contact,
se partagent également la somme de leur électricité. Il suffit même
de mettre sur un corps non conducteur la plus mince couche métallique, pour lui faire jouer le rôle d'un corps conducteur.

On est donc arrivé à ce résultat : que l'électricité *libre,* vitrée ou
résineuse, se porte tout entière à la surface des corps, où elle forme
une couche infiniment mince, mais d'épaisseur en général variable
d'un point à un autre du même corps. Là, elle presse contre l'air pour
s'échapper, en vertu de la répulsion mutuelle de ses molécules, comme

étant de la même nature. La pression exercée en chaque point est proportionnelle au carré de l'épaisseur de la couche en ce point; et si, quelque part, la pression devenait égale à celle de l'air, une portion du fluide électrique s'échapperait par là sous forme d'étincelle.

Sur une sphère, la couche est évidemment de même épaisseur partout. Sur un ellipsoïde, la couche est comprise entre la surface du corps et une surface semblable, un peu plus petite, de telle manière que les épaisseurs, aux pôles et à l'équateur de l'ellipsoïde, sont entre elles comme le rayon polaire est au rayon équatorial. Si l'on conçoit maintenant que l'ellipsoïde s'allonge indéfiniment dans le sens du rayon polaire, il se transformera en une tige de plus en plus pointue, et la couche électrique deviendra de plus en plus épaisse à ces pointes, jusqu'à ce qu'enfin elle puisse vaincre par sa pression la résistance de l'air. C'est ainsi que les pointes ont la propriété de donner écoulement à l'électricité, ou, comme on dit, de la *soutirer*.

3. Électromètres et électroscopes.

Un *électroscope* est un instrument propre à faire reconnaître les plus petites quantités d'électricité. Il se compose ordinairement de deux brins de paille, ou de deux minces lamières d'or, ou de deux petites boules de sureau, suspendus à une même tige métallique. Pour éviter les agitations de l'air, on renferme les deux pailles, lamières ou boules, dans une cage de verre, en faisant sortir le haut de la tige par une ouverture garnie de gomme laque. Le moindre degré d'électricité communiquée à ces petits corps, au moyen de la tige, suffit pour les faire diverger; et l'on mesure la divergence à l'aide d'un arc de cercle gradué sur l'une des faces de la cage. L'électroscope de Coulomb est semblable à sa balance de torsion.

4. Machine électrique.

Pour se procurer beaucoup d'électricité, on emploie une machine particulière. Elle se compose d'un grand disque ou *plateau* de verre, muni, à son centre, d'un axe terminé par une manivelle, pour le faire tourner sur lui-même. Dans ce mouvement, le plateau frotte entre des coussins de peau, rembourrés de crins, et que l'on nomme *frottoirs*. Pour que le contact du verre avec les frottoirs soit plus intime, on enduit ceux-ci d'une couche d'or mussif, qui est un composé jaune d'étain et de soufre. Le plateau prend alors l'électricité vitrée, et les coussins l'électricité négative, qui s'écoule ensuite dans le sol au moyen d'une chaine métallique attachée aux frottoirs. En face du plateau se trouvent des pointes métalliques, terminant un système de corps conducteurs, isolés par des supports de verre. L'électricité du plateau décompose par influence l'électricité naturelle de ces conducteurs, attire à elle la résineuse, qui passe, à l'aide des pointes, sur le plateau, pour la neutraliser, et repousse l'électricité vitrée dans les parties les plus éloignées des conducteurs. La machine se trouve alors chargée d'électricité vitrée. Si l'on voulait la charger d'électricité résineuse, il suffirait d'amener les pointes des conducteurs en face des frottoirs, que l'on isolerait, et de faire communiquer le plateau avec le sol. Au moyen d'*excitateurs*, ou d'arcs métalliques soutenus par des manches de verre, on fait passer l'électricité des conducteurs sur tout autre corps que l'on veut.

XVII.

1. CONDENSATEUR ÉLECTRIQUE.— 2. ÉLECTROPHORE. — 3. BOUTEILLE DE LEYDE. — 4. BATTERIES ÉLECTRIQUES. — 5. QUELS SONT LES EFFETS PHYSIQUES, CHI-MIQUES ET PHYSIOLOGIQUES QU'ON PRODUIT AVEC CET APPAREIL?

1. Condensateur électrique.

Si l'on approche un corps chargé d'électricité vitrée du bout d'une tige métallique isolée, l'électricité naturelle de cette tige sera décomposée, le fluide résineux se portant en face du corps électrique, et le fluide vitré dans le bout opposé. En touchant ce bout, le fluide vitré de la tige s'écoulera dans le sol, et il ne restera sur cette tige que du fluide résineux, qui sera *dissimulé*, tant que le corps électrisé se trouvera en face. Si on retire ce corps, le fluide résineux se répandra sur toute la tige et réagira sur les corps environnants; mais si l'on ramène le corps à la même place, le fluide résineux de la tige en sera de nouveau attiré, son influence ne se fera plus sentir, il sera ce qu'on appelle *dissimulé*, c'est-à-dire caché, inaperçu.

C'est sur ce fait qu'est fondé le *condensateur*. Il se compose de deux disques métalliques, séparés par une feuille de verre, un taffetas gommé, ou même une simple couche de résine. Ces disques sont armés de manches de verre, au moyen desquels on peut les rapprocher ou les éloigner l'un de l'autre. Si l'un d'eux est mis en communication avec une source électrique, il se chargera d'électricité, qui sera vitrée, par exemple. Posant ensuite le second disque sur le premier, l'électricité de celui-ci attirera la résineuse de l'autre, et repoussera la vitrée, qui s'échappera dans le sol, si on lui offre une communication. Quant au fluide résineux, il sera dissimulé par l'attraction du fluide vitré du premier disque ; mais, à son tour, le fluide résineux attirant le fluide vitré, le dissimulera en très-grande partie : alors, une nouvelle quantité de fluide vitré coulera de la source sur le premier disque, dissimulera une nouvelle quantité de fluide résineux sur le second disque, lequel fluide résineux dissimulera du fluide vitré sur le premier, et ainsi de suite ; en sorte que les deux quantités de fluides résineux et vitré, qui se dissimuleront réciproquement d'un disque à l'autre, seront considérablement plus grandes que si ces disques avaient été mis séparément en communication avec la source. En d'autres termes, les fluides électriques se trouveront *condensés* sur les disques, et deviendront libres lorsqu'on détachera ces disques.

2. De l'électrophore.

L'*électrophore* consiste en un plateau de résine que l'on électrise au moyen d'une peau de chat. On pose sur ce plateau un disque métallique armé d'un manche de verre ; on touche ce disque pour faire écouler l'électricité résineuse qu'il possède à sa face supérieure, puis on retire le doigt et l'on enlève le disque en le tenant par son manche. Ce disque est alors chargé d'électricité vitrée, qui se trouvait tout à l'heure dissimulée par l'électricité contraire de la résine.

L'électrophore a, comme on va le voir, de l'analogie avec la bouteille de Leyde ; et le condensateur n'est qu'une bouteille de Leyde, dont la paroi serait rendue plane, de cylindrique qu'elle est. Par l'électrophore, on se procure de l'électricité quand on est dépourvu de machines électriques, qui d'ailleurs conservent bien moins longtemps leur électricité. Quant au condensateur, il sert à rendre sensibles de très-faibles sources de fluides électriques.

3. Bouteille de Leyde.

La bouteille de Leyde, ainsi nommée du nom de la ville où elle a été inventée, n'est pas autre chose qu'un condensateur sous une forme particulière. C'est une bouteille de verre, recouverte extérieurement et intérieurement de feuilles métalliques qui ne communiquent point entre elles. Une tige de métal, qui sort par le goulot, sert à mettre l'intérieur de la bouteille en communication avec une source électrique, tandis qu'on tient la bouteille par sa panse. Si la source est vitrée, l'intérieur de la bouteille prendra la même électricité, et l'extérieur se recouvrira d'électricité résineuse, ces deux fluides agissant l'un sur l'autre à travers le verre pour se dissimuler et se condenser. Si, au contraire, on avait tenu la bouteille par sa tige, et mis sa panse en contact avec la source électrique, l'intérieur eût été résineux, et l'extérieur vitré comme la source.

Quand la bouteille est ainsi *chargée*, si l'on vient à faire communiquer entre elles ses deux surfaces, intérieure et extérieure, par un arc
métallique, il se produira une forte étincelle, provenant de la combinaison des deux fluides ; ce qui arrive aussi lorsqu'on établit la communication entre les deux faces opposées d'un condensateur ordinaire.

4. Batterie électrique.

Une *batterie électrique* résulte de plusieurs bouteilles de Leyde qui
communiquent toutes ensemble par l'extérieur, d'une part, et par l'intérieur, d'autre part. On peut aussi faire communiquer l'extérieur de
la première avec l'intérieur de la seconde ; l'extérieur de celle-ci avec
l'intérieur de la troisième, et ainsi de suite.

5. Quels sont les effets physiques, chimiques et physiologiques qu'on produit avec cet appareil.

Cette batterie se charge et se décharge comme une simple bouteille
de Leyde ou un condensateur ; mais sa puissance est de beaucoup
supérieure : elle est capable de produire la mort ; elle fond et réduit
en poussière les fils métalliques, et fait voler en éclats les corps peu
conducteurs. Les décharges réitérées d'une batterie décomposent l'eau
en oxygène et hydrogène. Les deux éléments de l'air, oxygène et
azote, se réunissent pour former de l'acide nitrique. L'oxyde d'étain
se trouve peu à peu décomposé.

XVIII.

1. RAPPORTS ENTRE LES EFFETS DE LA FOUDRE ET CEUX DE L'ÉLECTRICITÉ. — 2. DESCRIPTION ET THÉORIE DU PARATONNERRE.

1. Rapports entre les effets de la foudre et ceux de l'électricité.

L'atmosphère est dans un état électrique habituel. Par un temps
calme et serein, elle possède un excès d'électricité positive, qui varie,
soit pendant le jour, soit d'une saison à l'autre. On a expliqué de bien
des manières l'origine de cette électricité. On l'a attribuée tour à tour
à l'évaporation de l'eau, au frottement de l'air contre le sol, à la vé-
gétation, aux compressions et dilatations de l'air, etc. ; quelques-uns
ont considéré la terre comme une vaste pile voltaïque, d'autres comme
un appareil thermo-électrique.

On peut admettre, avec quelque apparence de vérité, que l'électricité, d'abord disséminée dans l'atmosphère, compose de petites couches
tout autour des gouttelettes d'un nuage. Lorsque les gouttes ont

acquis une certaine grosseur, et qu'elles sont assez rapprochées les unes des autres, leurs couches électriques, qui se sont aussi accrues, peuvent se déverser de proche en proche, et venir former une couche unique à la surface du nuage. Dans cet état, la couche électrique exercera une puissante action, tant sur les nuages voisins que sur les objets placés à la surface du sol ; et la pression de la couche finira par vaincre la résistance de l'air, ce qui donnera écoulement au fluide électrique sous forme de grosses étincelles, qui sont les *éclairs*.

En lançant un cerf-volant dans les nuages orageux, Franklin, et après lui d'autres physiciens, ont pu soutirer de ces nuages, et par le moyen de la corde du cerf-volant, des étincelles électriques redoutables, qui partaient avec le bruit d'une arme à feu. L'éclair n'est donc qu'une étincelle électrique, au moyen de laquelle l'électricité se distribue d'une manière nouvelle entre l'atmosphère et la masse solide du globe. Sa forme habituelle est en zigzag, et sa longueur atteint parfois une lieue.

Par suite des attractions électriques entre les nuages et le sol, la foudre tombe de préférence sur les lieux élevés et sur les meilleurs conducteurs. Tout le monde connaît le pouvoir destructeur de ce terrible météore : il tue les hommes et les animaux, il consume les arbres, il incendie les habitations, il fond ou réduit en poussière les matières métalliques et pierreuses qu'il trouve sur son passage; il répand habituellement une odeur de soufre ; mais cette odeur résulte des vapeurs ou poussières entraînées par le courant électrique et dont une partie se dépose à l'entrée et à la sortie de tous les corps qu'il traverse.

2. Description et théorie du paratonnerre.

Si l'on pouvait faire arriver jusqu'à la région des nuages un courant d'électricité contraire à celle qui s'y trouve accumulée, on neutraliserait cette dernière, et l'on préviendrait la chute de la foudre. Il faudrait planter à la surface du terrain que l'on voudrait protéger une tige métallique suffisamment longue. Le *paratonnerre*, imaginé par Franklin, ne remplit qu'une partie de cette condition ; c'est une tige de fer ayant plusieurs mètres de longueur, qui offre un écoulement facile à l'électricité du sol, attirée par l'électricité contraire du nuage, mais qui, ne la transportant pas jusque-là, ne peut prévenir la chute du tonnerre. Cet appareil n'a guère pour effet que de détourner un peu le courant fulminaire, en lui offrant un chemin dans le sol. Aussi le paratonnerre ne protège-t-il les lieux environnants que jusqu'à une distance double de sa longueur. On conseille de lui donner 9 mètres de long et 55 millimètres de diamètre à sa base. Sa partie inférieure sera une barre de fer de 8 4/3 mètre; puis viendra une baguette de laiton de 2/3 mètre, terminée par une pointe de platine de 55 millimètres, le tout s'amincissant régulièrement de la base au sommet. Le paratonnerre étant fixé solidement au faîte d'une maison, on attache à sa base une corde en fil de fer, qui descend le long du toit et de la façade jusque dans le sol, où elle doit aboutir dans une terre naturellement humide, et, s'il est possible, dans l'eau d'un puits. A défaut de réservoir humide, on fait aboutir le conducteur du paratonnerre dans une cavité souterraine, que l'on remplit de charbon de braise ou de boulanger ; ce charbon éteint conduit bien l'électricité, tandis que le charbon neuf la conduit mal, à cause de l'hydrogène qu'il renferme.

Cette dernière condition est nécessaire pour éloigner tout danger du passage de l'électricité atmosphérique. Il faut aussi éviter de faire communiquer le conducteur du paratonnerre avec aucun des objets que l'on peut rencontrer dans l'intérieur de la maison.

Lorsqu'un nuage électrisé vient à se décharger par l'un de ses bouts, l'autre bout, qui tenait en arrêt l'électricité contraire du sol ayant cessé d'agir, l'électricité de ce sol rentre violemment dans l'intérieur de la terre, et la commotion qui en résulte pour les êtres vivants peut aller jusqu'à produire leur mort. On dit alors qu'ils sont frappés par *le choc en retour*.

L'électricité atmosphérique joue encore plusieurs rôles : elle entre pour beaucoup dans la formation de la grêle ; elle apparaît aussi dans les trombes et dans l'aurore boréale.

XIX.

1. EXPÉRIENCES DE GALVANI. — 2. PILE DE VOLTA. — 3. EFFETS PHYSIQUES, CHIMIQUES ET PHYSIOLOGIQUES PRODUITS PAR LA PILE DE VOLTA.

1. Expériences de Galvani.

Galvani a vu qu'une grenouille fraîchement écorchée éprouve des commotions subites, lorsqu'on vient à faire communiquer par un arc métallique les nerfs et les muscles de cet animal. Il attribua ce fait, qu'il varia de plusieurs manières, à un fluide magnétique en circulation dans tous les corps animés. Mais Volta prouva ensuite que ces commotions de la grenouille sont dues au passage de l'électricité développée par le simple contact de deux corps hétérogènes, et principalement au contact de deux métaux différents. En effet, le contact de deux corps hétérogènes suffit pour développer l'électricité, qui est vitrée ou positive pour l'un, et résineuse ou négative pour l'autre, après qu'on les a séparés. Cette action se manifeste surtout par le contact réciproque des métaux, comme zinc et cuivre, le zinc s'électrisant positivement et le cuivre négativement. Deux métaux mis en contact forment ce qu'on appelle une *paire voltaïque*, du nom de Volta, qui, le premier, a réuni ces paires pour en former une *pile*.

2. Pile de Volta.

Si l'on empilait les uns sur les autres des disques alternativement de cuivre et de zinc, par exemple, on ne produirait rien de plus qu'en mettant en contact un seul cuivre avec un seul zinc. Mais l'effet s'accroîtra proportionnellement au nombre des paires, cuivre et zinc, si l'on sépare ces différentes paires par des disques de drap humide, qui n'ont pas d'action sensible sur les métaux, et ne servent que comme corps conducteurs d'une paire à l'autre. Dans ce cas, les électricités développées par les deux métaux d'une paire se répandent de part et d'autre sur tout le reste de la pile; tellement que la différence électrique entre les deux métaux en contact sera encore la même que si cette paire existait seule.

Supposons, par exemple, une pile verticale formée de paires, cuivre et zinc, séparées par des rondelles de drap humide, les disques de zinc étant tournés vers le haut, et ceux de cuivre vers le bas pour chaque paire. Le premier cuivre, placé à l'extrémité inférieure de la pile, et en communication avec le sol, laissera écouler son électricité négative, tandis que le premier zinc aura une certaine quantité d'électricité positive, laquelle se répandra sur tous les disques supérieurs, tant cuivre que zinc, par simple communication à travers les rondelles humides. Le second cuivre laissera de même son électricité négative s'écouler dans le sol, et le second zinc répandra son électricité positive sur tous les disques placés en dessus. En continuant ainsi, il est aisé de voir que le premier cuivre étant à l'état naturel, le premier zinc et le second cuivre auront chacun une certaine quantité d'électricité positive, le second zinc et le troisième cuivre, chacun une quantité double de la même électricité; le troisième zinc et le quatrième cuivre, chacun une quantité triple, et ainsi de suite.

Si la pile était posée sur un corps isolant pour empêcher le départ de l'électricité négative; celle-ci s'accumulerait vers le bas de la pile, tandis que l'électricité positive se porterait vers le haut, et le milieu de la pile serait alors à l'état neutre.

Au moment où l'on met en communication les deux extrémités ou *pôles* d'une pile, par un fil métallique, l'équilibre électrique tend à s'y établir; mais, comme cet équilibre est sans cesse troublé par le dégagement de l'électricité au contact du cuivre et du zinc de chaque paire, l'électricité positive se portant à un côté, et l'électricité négative de l'autre, il s'établit deux courants, un de chaque fluide électrique, et ces fluides se recombinent sur tout le *circuit*, lequel comprend la pile et le fil de communication entre les deux pôles.

On a beaucoup varié la forme des piles voltaïques. Celle *à colonne* est formée comme on vient de le dire. La pile *à auge* consiste en une auge de bois divisée en compartiments par des paires formées chacune d'un cuivre et d'un zinc soudés ensemble. On verse dans ces compartiments un liquide conducteur qui tient lieu de drap humide : c'est ordinairement de l'eau acidulée. La pile imaginée par Wollaston est la plus énergique de toutes : dans cette pile, chaque lame de zinc est enveloppée d'une double lame de cuivre, mais sans contact, celle-ci étant soudée au zinc précédent. La communication de l'électricité se fait du zinc au cuivre, en plongeant ces métaux dans des vases pleins d'eau acidulée.

Lorsqu'une personne établit la communication entre les deux pôles d'une pile, en y portant à la fois les deux mains, elle éprouve des commotions électriques, qui peuvent devenir insupportables si la pile est forte. En faisant aboutir à la langue les deux fils qui partent des pôles, on éprouve une saveur saline particulière. Mises à une petite distance l'une de l'autre dans l'eau, les extrémités de ces deux fils décomposent ce liquide en gaz hydrogène, qui se dégage du côté du pôle négatif ou cuivre, et en gaz oxygène, qui apparaît du côté du pôle positif ou zinc; mais il faut que les fils conjonctifs de la pile soient de platine ou d'autre métal difficilement oxydable. Les courants de la pile donnent lieu à une multitude de décompositions chimiques. De plus, ils échauffent, rougissent et brûlent les fils métalliques suffisamment ténus. Le charbon lui-même, placé dans le vide, devient alors resplendissant, bien qu'il ne se consume point.

Aucun de ces effets ne se produit tant qu'il n'y a pas communication établie entre les pôles d'une pile voltaïque. C'est à ces effets que l'on reconnaît le passage de l'électricité à travers le fil conducteur. Mais avant cette transmission les pôles de la pile sont chargés chacun d'une électricité contraire, électricités dites de *tension*, et qui se manifestent par des attractions et des répulsions; tandis qu'il n'y a plus à ces pôles d'actions à distance, sitôt qu'on a établi la communication de l'un à l'autre.

Si l'on conçoit qu'une aiguille aimantée, suspendue par son centre de gravité, et libre de toute action terrestre, soit approchée d'un courant voltaïque rectiligne, elle affectera une position ainsi déterminée :

elle se mettra dans un plan perpendiculaire au courant, perpendiculairement à la droite menée de son centre au courant, et de telle manière que son pôle austral (qui se dirige vers le nord de la terre) se trouve à gauche d'un spectateur qui, entraîné dans le courant la tête en avant, regarderait l'aiguille. Cette position de l'aiguille est absolument la même que s'il régnait un tourbillon autour du fil voltaïque comme centre, et perpendiculairement à sa longueur : c'est en cela que consiste la découverte de M. OErstedt.

Pour reconnaître l'existence et la direction des courants électriques, même très-faibles, on se sert d'un appareil nommé *galvanomètre multiplicateur*, ou simplement *galvanomètre*. Il consiste en un long fil métallique, de cuivre par exemple, enroulé autour d'un châssis de bois, et dont les deux extrémités viennent plonger dans deux coupelles de mercure ou *rhéophores*. Il est nécessaire d'envelopper ce fil métallique, sur toute sa longueur, avec du fil de soie, pour isoler les tours qu'il forme sur le châssis, et prévenir en même temps la déperdition du fluide électrique. On suspend une petite aiguille aimantée, parallèlement aux tours du fil, et tout près du faisceau. Pour reconnaître un courant électrique, on achève le circuit en plongeant dans les rhéophores les deux extrémités du fil où se produit le courant, ou bien, en amenant directement les extrémités du fil galvanométrique en contact avec la source électrique. Alors, l'aiguille aimantée se trouve déviée dans un sens ou dans un autre, suivant la direction du courant, et avec une énergie indiquée par les divisions d'un cercle gradué que parcourt l'aiguille.

XX.

1. AIMANTS NATURELS. — 2. PÔLES DES AIMANTS. — 3. ACTIONS EXERCÉES SUR UN AIMANT PAR LA TERRE OU PAR UN AUTRE AIMANT. — 4. DÉCLINAISON ET INCLINAISON DE L'AIGUILLE AIMANTÉE. — 5. AIMANTATION DES SUBSTANCES MAGNÉTIQUES PAR DES AIMANTS, PAR LA TERRE, PAR DES COURANTS ÉLECTRIQUES.

1. Aimants naturels.

Il existe dans les mines deux espèces de fer combiné avec l'oxygène, savoir : le *fer oxydulé* et le *fer oxydé*. Le premier, qui contient moins d'oxygène que le second, est en général noir, plus ou moins cristallisé, et présente souvent le singulier phénomène du *magnétisme*. Les échantillons de fer oxydulé qui se trouvent doués de cette dernière propriété sont des *aimants naturels* ; ils attirent les morceaux de *fer doux* (ou de fer pur) et les morceaux d'*acier* (ou de fer combiné au carbone) qui sont placés à de petites distances.

2. Pôles des aimants.

Quand on plonge un aimant dans la limaille de fer, celle-ci s'attache principalement aux deux extrémités opposées, qui sont les deux pôles de l'aimant.

On détermine ces pôles en prenant le centre de toutes les directions qu'affectent les particules de limaille de fer soumises à l'influence de l'aimant. On les déterminerait encore à l'aide d'une seule petite aiguille aimantée qui, suspendue librement, se dirigerait toujours vers le pôle le plus voisin.

3. Actions exercées sur un aimant, par la terre ou par un autre aimant.

Un aimant attire le fer doux avec plus de force que l'acier, et l'acier non trempé plus fortement que l'acier trempé. L'influence magnétique est d'autant plus faible que la trempe a été plus forte, c'est-à-dire que l'on a plus chauffé l'acier avant d'être refroidi subitement.

Dans le fer, la séparation et la recomposition des fluides magnétiques se font avec facilité; mais ces changements ont plus de peine à s'effectuer dans les oxydes de fer et dans l'acier. Cette résistance se nomme *force coercitive*, elle fait la permanence des aimants, puisque sans elle toutes les forces se recomposeraient, et toute vertu magnétique disparaîtrait.

Si l'on suspend un aimant par le milieu, ou mieux si on le pose sur un liége flottant à la surface de l'eau, on verra l'aimant se diriger du nord au sud ou à peu près, et revenir constamment à cette direction, lorsqu'on l'en aura écarté. Il y a donc un côté nord et un côté sud pour chaque aimant.

Si l'on met en regard les côtés nord ou les côtés sud de deux aimants, il y aura répulsion mutuelle; mais il y aura attraction mutuelle, si l'on met en regard le côté nord de l'une avec le côté sud de l'autre. C'est ce qu'on exprime en disant que les côtés ou pôles de même nom se repoussent, et les côtés ou pôles de noms contraires s'attirent.

On peut considérer la terre comme un gros aimant, puisqu'elle dirige les aimants, de même que ceux-ci se dirigent les uns les autres. Alors les pôles magnétiques de la terre seront vers les pôles géographiques: l'un sera le pôle *nord* ou *boréal*; l'autre le pôle *sud* ou *austral*. Ensuite, on nommera pôle *nord* ou *boréal* d'un aimant, celui de ses pôles qui se tourne vers le pôle de nom contraire du globe, savoir, vers le sud; et pôle *sud* ou *austral* de l'aimant, celui qui se dirige vers le nord de la terre.

4. Déclinaison et inclinaison de l'aiguille aimantée

Si l'on suspend une aiguille aimantée par son centre, ou bien si on la pose sur une pointe autour de laquelle elle puisse librement pivoter, tout en demeurant horizontale, la direction qu'elle prend indique le *méridien magnétique* du lieu. En général, ce méridien fait un certain angle avec le méridien géographique, et l'angle de ces deux méridiens est ce qu'on nomme la *déclinaison magnétique* en ce lieu ; déclinaison *orientale* ou *occidentale*, suivant que la partie nord du méridien magnétique est à l'est ou à l'ouest du méridien géographique. Pour mesurer cet angle, on place le pivot de l'aiguille au centre d'un cercle gradué, et l'appareil est alors une *boussole de déclinaison*. A Paris, la déclinaison est d'environ 22 degrés ouest.

Il y a aussi une *boussole d'inclinaison*, servant à mesurer l'angle que l'aiguille aimantée fait avec l'horizon, lorsqu'elle peut tourner dans le plan du méridien magnétique autour d'un axe passant exactement par son centre de gravité. Cet angle indique ce qu'on appelle l'*inclinaison magnétique* du lieu. Ainsi, à Paris, le côté de l'aiguille qui se dirige vers le nord plonge sous l'horizon d'un angle de 67 degrés deux tiers.

Enfin, l'intensité du magnétisme terrestre varie d'un lieu à un autre : elle est, par exemple, deux fois plus forte vers les pôles que vers l'équateur. A Paris, elle est à peu près intermédiaire à ces deux extrèmes.

Ainsi, pour chaque point du globe, il y a trois éléments à déterminer sous le rapport du magnétisme, savoir : la déclinaison, l'inclinaison et l'intensité. La ligne où l'inclinaison est nulle, forme, tout autour du globe, l'*équateur magnétique*, qui s'écarte peu de l'équateur géographique. Quant aux pôles magnétiques de la terre, ils sont assez éloignés des pôles géographiques correspondants : l'un est à 20 degrés du pôle nord, et l'autre à 14 degrés du pôle sud.

La déclinaison magnétique change progressivement, et peut-être périodiquement, pour chaque point de la terre, ainsi qu'on l'observe depuis quelques siècles. A Paris, la déclinaison était nulle vers 1666, et, avant cette époque, elle était orientale; aujourd'hui elle est occidentale, mais elle diminue de nouveau depuis une vingtaine d'années. On ignore encore la cause de pareils changements. Quant à l'inclinaison, elle varie aussi, mais beaucoup moins. Les variations de l'aiguille sont plus fortes, en général, sur les continents que sur le grand Océan, où elles sont à peine sensibles.

Dans l'hémisphère nord, la déclinaison magnétique est, chaque matin, plus à l'ouest, pour revenir, le soir, plus à l'est de sa valeur moyenne. Ces *variations diurnes* sont, pour Paris, et terme moyen, d'environ un cinquième de degré. Dans l'hémisphère sud, elles se font en sens inverse; et, sur l'équateur magnétique, elles sont nulles.

L'aiguille éprouve encore des agitations brusques et plus considérables au moment de l'apparition des aurores boréales.

Aimantation communiquée aux corps magnétiques par des aimants, par la terre et par des courants électriques.

Le magnétisme ne se communique pas directement d'un corps à un autre, mais il se développe dans le second sous l'influence magnétique du premier. Ainsi, quand le pôle austral d'un aimant est présenté à un cylindre de fer doux, par exemple, l'aimant développe les deux fluides magnétiques dans chacune des particules du cylindre, qui deviennent comme autant de petits aimants. Ceux-ci réagissent les uns sur les autres, et il en résulte une accumulation apparente du fluide boréal dans le bout du cylindre le plus proche de l'aimant, et une accumulation du fluide austral dans le bout opposé. En éloignant l'aimant, les deux fluides développés dans le cylindre n'obéissent plus qu'à leurs actions mutuelles et se combinent; ce qui veut dire, en termes consacrés, que le cylindre revient à *l'état naturel*. Il peut ainsi passer autant de fois que l'on veut de l'état naturel à l'état magnétique, et réciproquement, en approchant et éloignant l'aimant.

Si le cylindre mis en présence de l'aimant était d'acier, il s'y développerait moins de magnétisme, mais des portions plus ou moins grandes des fluides magnétiques y demeureraient séparées, après qu'on aurait éloigné l'aimant, en sorte que ce cylindre d'acier deviendrait un nouvel aimant permanent, lequel à son tour pourrait servir à en faire d'autres. Les aimants d'acier sont dits *artificiels*, par opposition aux aimants *naturels*, trouvés dans le sein de la terre.

Ordinairement, on magnétise des *barreaux* d'acier; on les réunit en *faisceau*, les pôles de même nom du même côté, et il en résulte des aimants artificiels très-énergiques. Dans la pratique, on aimante à l'aide de pareils barreaux, soit simples, soit par faisceau, en promenant l'une de leurs extrémités tout le long du corps que l'on veut aimanter : c'est ce qu'on appelle faire une *touche*. On réussit mieux par la *double touche*, qui consiste à poser les pôles contraires de deux barreaux aimantés sur le milieu du corps soumis à l'aimantation, puis à faire glisser en sens contraire ces barreaux vers les deux bouts opposés du corps; les inclinant dans le sens de leur marche, les éloignant en même temps pour les ramener ensemble au milieu du corps, et recommençant la même opération autant que l'on voudra.

On a beaucoup varié les procédés d'aimantation, mais nous ne pouvons faire connaître ici toutes ces méthodes. Nous nous bornerons à citer l'emploi des *armatures*. On appelle ainsi des morceaux de fer doux qui se placent aux deux extrémités d'un barreau, soit qu'on veuille l'aimanter ou qu'on veuille y conserver le magnétisme. Ces armatures réagissent par leur magnétisme sur celui du barreau, et y tiennent les deux fluides séparés.

Nous citerons encore les aimants en *fer à cheval*, qui sont des barreaux repliés de telle manière que leurs extrémités soient assez proches l'une de l'autre et parallèles. On met ces extrémités en contact avec un seul morceau de fer doux qui s'y attache fortement, et peut ainsi soutenir des poids considérables.

L'acier est dit *aimanté à saturation*, quand le magnétisme y atteint sa limite, son maximum ; car il est de fait qu'un barreau d'acier ne peut pas prendre, ou plutôt ne peut conserver une quantité indéfinie de magnétisme.

On a remarqué que le choc développe dans le fer doux la propriété magnétique, de même que la torsion, le frottement de la lime, et toutes les actions mécaniques un peu fortes et subites : c'est ce qui fait que les outils des ouvriers sont en général faiblement magnétiques.

Pour produire cette aimantation d'une manière régulière, on met une barre de fer dans la direction de l'aiguille d'inclinaison, puis on la frappe, à l'un de ses bouts, d'un fort coup de marteau : la barre est alors sensiblement aimantée, et ses pôles sont placés comme ceux de l'aiguille d'inclinaison. Sans le coup de marteau, la barre n'eût été que passagèrement aimantée.

La terre, par son influence continue, produit l'aimantation des masses d'acier qui sont placées dans la direction du méridien magnétique ou à peu près.

On produit encore l'aimantation des aiguilles d'acier en les plaçant dans l'axe d'une hélice en fil de cuivre, que l'on fait traverser par un courant de la pile voltaïque, ou même par la simple décharge d'une batterie électrique.

On produit enfin l'aimantation passagère du fer doux, en enveloppant celui-ci d'un fil de cuivre tourné en hélice et traversé par un courant voltaïque. Les aimants en fer à cheval que l'on obtient par ce procédé sont très-énergiques, puisqu'ils soutiennent des charges de plusieurs centaines de kilogrammes. Mais il faut que le fer employé soit très-doux, comme l'est le fer en roche du Berry, et mieux encore le fer de Suède. Si l'on change subitement le sens du courant qui passe à travers le fil de cuivre, les pôles magnétiques du fer à cheval alternent aussi, et avec une telle rapidité, que la charge soutenue par cet aimant artificiel n'a pas le temps de se détacher.

Quand la foudre passe près d'une aiguille aimantée, elle y produit une action violente qui change l'intensité magnétique, et quelquefois renverse les pôles de l'aiguille. Dans tous les cas, celle-ci éprouve des variations brusques et momentanées dans sa direction, tant en inclinaison qu'en déclinaison.

XXI.

1. LOI DE LA RÉFLEXION DE LA LUMIÈRE. — 2. MIROIR PLAN. — 3. MIROIR CONCAVE. — 4. MIROIR CONVEXE. — 5. FOYER.

1. Loi de la réflexion de la lumière.

Quand la lumière tombe sur les corps, ceux-ci en renvoient, en *réfléchissent* une plus ou moins grande partie, suivant le poli de leurs surfaces. On distingue deux espèces de *réflexion* : l'une, régulière, qui fournit une image du corps lumineux ; l'autre, irrégulière, qui donne aux corps leur couleur propre.

Plus un corps est poli, plus la réflexion régulière est abondante, et plus faible est la réflexion irrégulière. La quantité de lumière régulièrement réfléchie s'accroît encore par l'inclinaison de la lumière sur les surfaces où elle tombe.

Dans le cas de la réflexion régulière, le rayon incident et le rayon réfléchi qui en dérive sont dans un même plan passant par la perpendiculaire à la surface réfléchissante, si celle-ci est plane, et par la normale menée au point de réflexion, si la surface est courbe ; de plus il y a égalité parfaite entre les angles que forment avec la perpendiculaire ou la normale, les rayons incident et réfléchi ; ce qu'on exprime en disant que l'angle de réflexion est égal à l'angle d'incidence.

Quant à la réflexion irrégulière, autrement dite *illumination,* elle résulte d'une dissémination des rayons lumineux tout autour des aspérités des surfaces, suivant des lois que l'on ne connaît pas encore.

2. Miroir plan.

Un point lumineux, placé en avant d'un miroir plan, est vu comme s'il se trouvait sur la perpendiculaire abaissée de ce point sur le miroir, derrière celui-ci et à la même distance. Tous les points d'un corps sont reproduits suivant la même loi, et il arrive que l'image de ce corps est vue renversée.

3. Miroir concave.

Un miroir concave est ordinairement sphérique ; en d'autres termes, il représente une petite portion de la surface de la sphère sur laquelle on l'a travaillé. L'image d'un point se forme sur la droite menée par ce point et le centre de la sphère en question. Si le point est très-éloigné, son image est le plus proche possible du miroir, dont elle n'est plus éloignée que d'un demi-rayon de la sphère. A mesure que le point se rapproche, son image s'éloigne. Quand le point est arrivé au centre de la sphère, il coïncide avec son image ; lorsqu'il atteint le milieu du rayon, son image va se former à l'infini ; enfin, l'image n'existe plus si le point s'approche davantage du miroir.

Tous les points d'un même corps forment leurs images d'après les mêmes lois ; et l'ensemble de ces images partielles compose l'image totale de ce corps, image qui est toujours dans une situation renversée.

4. Miroir convexe.

Si le miroir, au lieu d'être concave, était convexe, il ne se formerait pas de foyers réels, et les rayons seraient réfléchis comme s'ils provenaient de points situés derrière le miroir, auquel cas on dit que les foyers sont *fictifs*.

De là il résulte que les objets sont vus de leur grandeur naturelle dans un miroir plan ; mais qu'ils sont vus plus grands que nature dans un miroir concave, et plus petits dans un miroir convexe.

5. Foyer.

Le lieu où se forme l'image d'un objet placé devant un miroir est ce qu'on appelle le *foyer*. Quand les rayons lumineux viennent de l'infini, on a vu que l'image se forme le plus près possible d'un miroir concave ; c'est ce point qui est le *foyer principal* du miroir ; sa distance à celui-ci est égale à la moitié du rayon de la sphère sur laquelle on a travaillé le miroir.

XXII.

1. LOIS DE LA RÉFRACTION DE LA LUMIÈRE. — 2. VERRES LENTICULAIRES.

1. Lois de la réfraction de la lumière.

Lorsqu'un rayon lumineux tombe sur la surface d'un corps *diaphane*, une portion de lumière se réfléchit comme il vient d'être dit, et le reste pénètre dans l'intérieur du corps, suivant une direction qui fait, avec la perpendiculaire à la surface, un angle de *réfraction* différent de l'angle *d'incidence*; mais ces deux angles sont dans un même plan, et leurs *sinus* (lignes trigonométriques) restent toujours dans le même rapport, quand on fait varier l'angle d'incidence.

Pour l'eau, ce rapport est égal à 4:3, c'est-à-dire que le sinus de l'angle d'incidence étant 4, le sinus de l'angle de réfraction est 3, quand le rayon lumineux pénètre dans le liquide; mais si le rayon sortait du liquide pour entrer dans l'air, le rapport en question serait renversé, en sorte que le sinus de l'angle d'incidence étant 3, le sinus de l'angle de réfraction serait 4. Pour l'entrée dans le verre, le sinus d'incidence est au sinus de réfraction comme 3 est à 2; et comme 2 est à 3, si le rayon passe du verre dans l'air.

Si le rayon lumineux passait de l'eau dans le verre, le rapport s'obtiendrait en divisant 3:2 par 4:3, et il en résulte 9:8; c'est-à-dire que le sinus de l'angle d'incidence étant 9, le sinus de l'angle de réfraction serait 8. Et, au contraire, le rayon passant du verre dans l'eau, le sinus de l'angle d'incidence serait au sinus de l'angle de réfraction comme 8 est à 9.

Par tous ces exemples, on voit qu'un rayon qui passe d'une substance dans une autre, ou, comme on dit, d'un *milieu* dans un autre, peut suivre le même chemin en sens inverse, le rayon réfracté se changeant en rayon incident, *et vice versa.*

2. Verres lenticulaires.

Les lentilles sont toujours composées de surfaces planes ou sphériques, à cause de la facilité qu'il y a de leur donner de semblables formes. Elles sont dites *convergentes* si elles se trouvent plus épaisses au centre que sur les bords, et *divergentes* si l'épaisseur est plus grande sur les bords que vers le centre. Les unes servent à faire converger les rayons de lumière partis d'un point vers un autre point, qui est le foyer ou l'image du premier; tandis que les autres n'ont que des foyers fictifs, et font immédiatement diverger les rayons qui les traversent.

La formation des images derrière une lentille convergente vient de ce que les rayons, partis d'un même point, traversent la lentille en se pliant par réfraction vers la droite menée par ce point et par le milieu de la lentille, droite que l'on nomme l'*axe* des rayons partis de ce point.

Comme les images de chaque point d'un objet placé en avant d'une lentille convergente vont se former, derrière cette lentille, sur les droites menées de ces points au centre de la lentille, l'image complète de l'objet sera évidemment renversée. De plus, on trouve que l'image s'éloigne de la lentille et s'agrandit à mesure que l'objet se rapproche, *et vice versa.*

Les verres divergents ou concaves ne donnent pas d'images, parce que les rayons qui, partis d'un même point, viennent tomber sur de pareilles lentilles, sont rendus encore plus divergents par l'effet de la réfraction. Au sortir de la lentille, ces rayons divergent donc, mais de telle manière que leurs prolongements viendraient s'entre-croiser en avant de la lentille, en produisant une image *virtuelle* ou fictive.

XXIII.

1. ANALYSE DE LA LUMIÈRE AU MOYEN DU PRISME. — 2. SPECTRE SOLAIRE.

1. Analyse de la lumière au moyen du prisme.

Lorsqu'on fait passer un faisceau de lumière blanche à travers une substance terminée par deux faces inclinées l'une à l'autre, par exemple, à travers deux des grandes faces d'un prisme de verre triangulaire, on voit le faisceau de lumière en sortir dilaté dans un sens et coloré de diverses teintes. Ce phénomène prouve que les rayons de la lumière blanche sont inégalement réfractés par le prisme qui les sépare les uns des autres, et que ces rayons possèdent des couleurs propres qui les distinguent à la vue. Si l'on reçoit sur un écran l'ensemble des rayons ainsi réfractés et décomposés, et, pour plus de netteté, dans un lieu obscur, on aura ce qu'on appelle le *spectre solaire.*

2. Spectre solaire.

Dans ce spectre, dont la largeur est égale au diamètre du faisceau incident, et dont la longueur, beaucoup plus considérable, est transversale aux arêtes du prisme, on reconnaît un assez grand nombre de teintes, qui passent les unes aux autres par des nuances insensibles. Pour en faciliter l'étude, Newton et après lui tous les physiciens ont considéré le spectre comme formé de sept teintes principales dans l'ordre suivant : *rouge, orangé, jaune, vert, bleu, indigo, violet.* Les rayons rouges sont les moins réfringents, et les violets se dévient le plus au contraire.

On obtient encore les couleurs du spectre les unes après les autres, en faisant passer un faisceau de lumière blanche à travers des plaques de verre coloré. Ainsi, une plaque rouge ne laisse passer que les rayons rouges et éteint les autres ; une plaque jaune ne laissera passer que les rayons jaunes, et ainsi de suite; en sorte que la décomposition de la lumière se fera par absorption, et non plus par des réfractions inégales.

Des rayons colorés, séparés de toute autre espèce de rayons, forment de la lumière simple et homogène, qui ne peut plus être décomposée, ni par réfraction ni par absorption. Mais on peut recomposer de la lumière blanche en faisant coïncider tous les rayons d'un spectre solaire. A cet effet, il ne suffit pas de les diriger vers un centre commun, il faut encore qu'ils y arrivent suivant la même droite ; un simple entrecroisement des rayons donnerait bien de la lumière blanche en ce point commun, mais au delà les rayons divergents se sépareraient de nouveau.

Pour recomposer la lumière blanche, on fait réfléchir, vers un même point, les sept teintes principales du spectre solaire par autant de miroirs, montés sur un même pied et mobiles en tous sens.

CHIMIE.

XXIV.

1. QU'ENTEND-ON EN CHIMIE PAR CORPS SIMPLE ET PAR CORPS COMPOSÉ? — 2. EXPOSER LES PRINCIPES SUR LESQUELS REPOSE LA NOMENCLATURE CHIMIQUE. — 3. EXPLIQUER CE QU'ON ENTEND PAR ÉQUIVALENTS CHIMIQUES.

1. Qu'entend-on en chimie par corps simple et par corps composé?

Dans la théorie corpusculaire, on admet que la matière se compose d'atomes, ou particules insécables. Ces atomes sont de natures diverses, c'est-à-dire qu'ils jouissent de propriétés différentes. Si des atomes identiques entre eux viennent à se réunir, ils formeront un corps *simple;* mais si plusieurs espèces d'atomes se combinent d'une manière intime, il en résultera un corps *composé.*

Tout corps d'où l'on ne peut tirer qu'une espèce de matière est réputé simple; tout corps d'où l'on peut extraire plusieurs sortes de matières est composé. La distinction entre les matières simples et composées, est donc relative à l'état de nos connaissances en *chimie,* science qui traite de la nature des corps et de leurs combinaisons.

Le nombre des corps simples connus jusqu'à présent est de 61, savoir : *métalloïdes,* arsenic, azote, bore, brome, carbone, chlore, fluor, hydrogène, iode, oxygène, phosphore, sélénium, silicium, soufre, tellure; *métaux,* aluminium, antimoine, argent, barium, bismuth, cadmium, calcium, cérium, chrôme, cobalt, cuivre, didyme, erbium, étain, fer, glucinium, iridium, lanthane, lithium, magnésium, manganèse, mercure, molybdène, nickel, niobium, or, osmium, palladium, pélopium, platine, plomb, potassium, rhodium, ruthénium, sodium, strontium, tantale, terbium, thorium, titane, tungstène, uranium, vanadium, yttrium, zinc, zirconium.

2. Exposer les principes sur lesquels repose la nomenclature chimique.

On dit du *sulfure de carbone* ou du *carbure de soufre*, pour indiquer une combinaison de soufre et de carbone, donnant ainsi la terminaison *ure* au premier mot, si le composé est solide ou liquide; mais si ce composé était gazeux, on donnerait au second mot la terminaison *é*, comme *hydrogène carboné*, *hydrogène phosphoré*.

Quand un radical, comme le fer, se combine avec diverses proportions de soufre par exemple, le composé où il entre le moins de soufre se nommera *proto-sulfure de fer*; le second, *deuto-sulfure de fer*; le troisième, *trito-sulfure de fer*. et ainsi de suite, réservant la dénomination de *per-sulfure de fer* pour désigner le composé où entre la plus grande quantité de soufre possible.

Les composés d'un corps simple avec l'oxygène portent les noms génériques d'*oxyde* ou d'*acide*, suivant les propriétés chimiques de ces composés. Les divers degrés d'oxydation s'indiquent de la manière suivante : *protoxyde de fer, deutoxyde de fer, tritoxyde de fer*: mais il y a des chimistes qui les distinguent par leurs couleurs : *oxyde blanc de fer, oxyde noir de fer, oxyde rouge de fer.*

Il y a, en général, deux degrés d'acidification ; le premier reçoit la terminaison *eux*, et le second la terminaison *ique*. Ainsi, *acide sulfureux* et *acide sulfurique*, le second renfermant plus d'oxygène que le premier. Un degré inférieur à l'acide sulfureux donne l'*acide hyposulfureux*; un degré intermédiaire aux acides sulfureux et sulfurique donne l'*acide hypo-sulfurique.*

Plusieurs chimistes disent, par analogie, *oxyde ferreux* et *oxyde ferrique*, pour désigner le premier et le dernier degré d'oxygénation du fer, et ils considèrent les combinaisons intermédiaires comme des composés de ces deux extrêmes.

3. Expliquer ce qu'on entend par équivalents chimiques.

On a remarqué que les gaz et les vapeurs se combinent dans des rapports simples en volume, leur volume étant toujours ramené à la pression atmosphérique de 76 centimètres de mercure et à la température zéro. On a tiré de là cette conséquence, hypothétique il est vrai, mais qui facilite beaucoup le calcul des combinaisons, que des volumes égaux de toute espèce de gaz renferment les mêmes nombres d'atomes. Appliquant, par analogie, ce principe aux substances qui ne peuvent être gazéifiées, on a posé les bases d'une théorie *atomique* où toutes les combinaisons résultent de la réunion de nombres déterminés d'atomes.

En général, les combinaisons sont *binaires*, c'est-à-dire qu'elles se forment par la réunion de deux espèces de matières simples. Ces combinaisons sont dites du *premier ordre*: elles engendrent, deux à deux, les combinaisons du *second ordre*: celles-ci, deux à deux, produisent les combinaisons du *troisième ordre*, et ainsi de suite.

Une combinaison binaire contient, le plus souvent, un atome de chacun des corps élémentaires; mais il y a beaucoup d'exemples de la réunion d'un atome A avec deux atomes B, ou d'un atome B avec deux atomes A: plus rarement, un atome A se joindra à trois ou à quatre atomes B. Les cas où deux atomes A sont combinés avec trois atomes B sont très-rares: l'un des éléments joue presque toujours le rôle de l'unité, formant ainsi le *radical* du composé. Quant aux gaz qui donnent des combinaisons également gazeuses, ils suivent les trois lois suivantes: 1° si les deux gaz se combinent sous des volumes égaux, leur produit, ramené à la même pression et à la même température, aura pour volume la somme des volumes primitifs; 2° si un volume du premier gaz se combine avec deux volumes du second gaz, le composé sera de deux volumes, en sorte qu'il y aura condensation d'un volume; 3° enfin, si un volume de l'un se combine avec trois volumes de l'autre, le composé sera de deux volumes, moitié de la somme des volumes primitifs.

On entend par *équivalents chimiques* les quantités pondérables des matières qui peuvent se combiner entre elles. Par exemple, si l'on désigne par A, le poids d'un premier corps qui se combine avec le poids B d'un second corps, avec le poids C d'un troisième corps, avec le poids D d'un quatrième corps, etc., le poids B du second corps se combinera avec le poids C du troisième, avec le poids D du quatrième, etc.; et de même le poids C du troisième se combinera avec le poids D du quatrième, et ainsi de suite. De telle sorte que ces nombres A, B, C, D, etc., ou tous autres nombres proportionnels à ceux-là, sont des équivalents chimiques, qu'on nomme aussi des *nombres proportionnels,* ou simplement des *proportions* chimiques.

XXV.

FAIRE CONNAÎTRE LES PRINCIPES DE L'AIR ATMOSPHÉRIQUE ET LE RÔLE QUE CE FLUIDE JOUE DANS LES PHÉNOMÈNES DE LA COMBUSTION ET DE LA RESPIRATION DES ANIMAUX OU DES PLANTES.

L'air atmosphérique est un mélange d'oxygène et d'azote dans le rapport de 21 à 79 en volume, ou environ de 1 à 4. Mais l'air renferme habituellement de la vapeur d'eau, plus en été qu'en hiver; il s'y trouve aussi des traces de gaz acide carbonique et de toutes les substances gazeuses qui prennent naissance à la surface de la terre et dans le sein des eaux. La propriété que possède l'air d'entretenir la combustion et la respiration lui vient de l'oxygène; mais l'action de ce dernier gaz se trouve affaiblie par la présence de l'azote, ou mieux parce que l'oxygène supporte dans l'air le cinquième seulement de la pression atmosphérique, tandis que, dégagé de l'azote, il supporterait toute cette pression, et se trouverait cinq fois plus comprimé et cinq fois plus dense.

La combustion est une cause puissante de chaleur, et cette chaleur dégagée porte souvent les corps à la température rouge. La flamme est le produit gazeux de cette combustion, porté lui-même à la température rouge. La respiration dégage la majeure partie de la chaleur animale; car l'oxygène se combine alors, soit avec le carbone du sang, pour donner lieu à du gaz acide carbonique qui se dégage par l'expiration, soit avec l'hydrogène pour former de l'eau.

L'analyse de l'air atmosphérique se fait de deux manières. En introduisant un bâton de phosphore et cinq mesures d'air sec dans un tube de verre, il arrive que le phosphore, en se consumant lentement, absorbe tout l'oxygène de l'air, et ne laisse que de l'azote, occupant quatre mesures; d'où l'on conclut que l'air possède un cinquième d'oxygène et quatre cinquièmes d'azote.

Autrement, on introduit cinq mesures d'air dans un eudiomètre, puis trois mesures d'hydrogène, en sorte que le mélange est de huit mesures. On y fait passer une étincelle électrique, d'où résulte autant d'eau que peut en fournir l'oxygène de l'air, puisqu'on en a eu soin d'employer un excès d'hydrogène. Par la liquéfaction subite de la vapeur d'eau ainsi formée, le mélange gazeux se trouve réduit à cinq mesures. Des trois mesures disparues, l'une était d'oxygène et les deux autres d'hydrogène, puisque tel est le rapport de ces gaz pour former de l'eau. Ainsi, sur cinq mesures d'air passées dans l'eudiomètre, il y en avait une d'oxygène et quatre d'azote.

XXVI.

EXPOSER LES PROPRIÉTÉS QUI DISTINGUENT L'HYDROGÈNE, LE CARBONE, LE PHOSPHORE, LE SOUFRE ET LE CHLORE.

Hydrogène. C'est le plus léger de tous les gaz, et sa densité n'est que de 0.0688. Lorsqu'il est bien pur, il est incolore, inodore et sans saveur. Il est inflammable. On s'en sert pour gonfler les ballons aérostatiques.

Carbone. C'est le charbon dégagé de l'hydrogène et de la cendre qu'il renferme habituellement. Le diamant est du carbone cristallisé. Le charbon, comme corps poreux, sert à clarifier les liquides.

Phosphore. Solide et flexible, mou, translucide, répandant une odeur d'ail, lumineux dans l'obscurité, brûlant vivement à l'air, où il s'enflamme par le simple frottement; fusible à 43 degrés. On en fait des briquets. Sa densité est de 1,77.

Soufre. Solide et jaune, très-friable, fusible à 108 degrés, et inflammable à 150 degrés. On peut le distiller. Une fusion prolongée lui donne une couleur rouge et le rend mou pendant un certain temps. Densité, 1,99.

Chlore. Gaz jaune verdâtre, dont la saveur et l'odeur sont très-fortes; densité, 2,42. Il se dissout dans l'eau, et sert au blanchîment des toiles et du papier. Il détruit les miasmes et arrête les progrès de la corruption des corps organisés.

XXVII.

CARACTÈRES QUI PERMETTENT DE RECONNAÎTRE LES PRINCIPAUX MÉTAUX.

Zinc. Blanc bleuâtre, lamelleux, très-ductile; il graisse la lime; sa dureté est faible; densité, 7,4. Il fond au-dessous de la chaleur rouge, et se volatilise à une plus forte température. En brûlant à l'air, il produit un oxyde floconneux et blanc.

Fer. Dur, à gros grains, un peu lamelleux, très-ductile et très-tenace; densité, 7,788. Fusible à 130 degrés du pyromètre de Wedgwood. Amené à un grand état de pureté, il est moins dur, plus blanc et plus difficile à fondre.

Étain. Blanc, s'étend bien en lames. Plié en sens divers, il fait entendre un craquement particulier, nommé le cri de l'étain; densité, 7,291. Fusible à 210 degrés, mais non volatil.

Antimoine. Blanc bleuâtre, très-brillant, très-cassant ; sa texture est lamelleuse ; fusible au-dessous de la chaleur rouge, mais non volatil ; il cristallise en feuilles de fougères ; densité, 6,7.

Bismuth. Blanc jaunâtre, très-cassant, structure lamelleuse, cristallissant en cubes ; fusible à 256 degrés, mais non volatil ; densité, 9,82.

Cuivre. Rouge jaunâtre, très-brillant ; il colore la flamme en vert, et acquiert de l'odeur par le frottement. C'est le plus sonore des métaux ; il est très-ductile, mais moins tenace que le fer ; difficilement fusible ; densité, 8,88.

Plomb. Blanc bleuâtre, brillant, mou, écrivant, très-malléable ; densité, 11,35 ; fusible à 260 degrés, mais pas sensiblement volatil.

Mercure. Liquide, très-brillant, blanc bleuâtre ; densité, 13,568 à zéro. Il bout à 350 degrés et se volatilise. Il se gèle à 40 degrés sous zéro.

Argent. Blanc, très-brillant, très-malléable, très-ductile ; densité, 10,47. Il fond au-dessus de la chaleur rouge cerise.

Platine. Presqu'aussi blanc que l'argent, très-brillant, très-ductile. Il se coupe avec des ciseaux et se raye même avec l'ongle. Il est très-tenace et très-difficile à fondre. Sa densité 21 l'emporte sur celle de tous les autres corps.

Or. Jaune très-brillant, le plus ductile de tous les métaux, on peut le réduire en feuilles d'un dix-millième de millimètre d'épaisseur ; il est moins fusible que l'argent ; densité, 19,26.

XXVIII.

1. COMPOSITION DE L'EAU. — 2. SES PROPRIÉTÉS CHIMIQUES LES PLUS IMPORTANTES.

1. Composition de l'eau.

L'eau est formée de 8 parties d'oxygène sur 1 partie d'hydrogène. Pour l'analyser, on introduit dans un tube de porcelaine de la tournure de fer ; on chauffe au rouge, et on fait passer à travers le tube un poids déterminé d'eau réduite en vapeur : le fer s'empare de presque tout l'oxygène de l'eau, et celle qui s'échappe vient se liquéfier dans un alambic ; quant à l'hydrogène, il arrive sous un grand flacon rempli d'eau. On pèse l'eau et le fer avant l'opération, on pèse ensuite tous les produits, ce qui conduit au résultat donné ci-dessus.

On fait encore l'analyse de l'eau par l'électricité voltaïque, l'oxygène se portant alors au pôle positif, et l'hydrogène au pole négatif.

Enfin, on recompose l'eau en brûlant dans un ballon des courants d'oxygène et d'hydrogène, et l'on trouve ainsi que 2 volumes d'hydrogène se combinent avec 1 volume d'oxygène.

2. Ses propriétés chimiques les plus importantes.

L'eau est surtout importante en chimie par le grand nombre de composés qu'elle dissout ; ce qui arrive pour presque tous les composés non métalliques et pour la plupart des composés salins.

L'eau est décomposée dans un grand nombre de cas, et alors son oxygène sert ordinairement à oxyder ou acidifier quelques corps.

Enfin, dans d'autres cas, deux composés qui s'unissent abandonnent de l'oxygène et de l'hydrogène pour former de l'eau, qui sort alors de la combinaison.

Quelquefois, l'eau reste en combinaison dans certains composés, qui alors sont ce qu'on nomme *hydrates*.

XXIX.

QUELS SONT LES CARACTÈRES GÉNÉRAUX DES ACIDES, DES BASES OU DES OXYDES NEUTRES ? INDIQUER LA COMPOSITION ET LES PROPRIÉTÉS LES PLUS SAILLANTES DES BASES ALCALINES ET DES PRINCIPAUX ACIDES, SAVOIR : LES ACIDES SULFURIQUE, AZOTIQUE, CARBONIQUE, CHLORHYDRIQUE.

Les caractères principaux des oxydes sont : 1° de jouer le rôle de *bases* dans les compositions salines ; 2° de ramener au bleu la teinture de tournesol rougie par les acides ; 3° de se porter au pôle négatif de la pile, montrant ainsi leur caractère électro-positif.

Quant aux acides, 1° ils s'unissent aux bases salifiables ; 2° ils rougissent la teinture de tournesol ; 3° ils ont en général un goût aigre ou acide ; 4° enfin, ils se portent au pôle positif de la pile, manifestant ainsi leur caractère électro-négatif.

L'oxygène forme avec l'hydrogène deux composés : l'eau, dont l'analyse est indiquée ci-dessus, et l'eau dite *oxygénée*, qui contient deux fois plus d'oxygène. La chaleur, ou même le seul contact d'un autre oxyde, chasse cet excédant d'oxygène.

Avec le carbone, l'oxygène produit l'oxyde de carbone et l'acide carbonique. Cet acide résulte de la combustion du charbon ; il se produit dans l'acte de la respiration et pendant la fermentation alcoolique.

Il existe quatre acides de phosphore, dont le plus remarquable est l'acide phosphorique, résultant de la combustion rapide du phosphore dans l'air,

Le soufre, en brûlant à l'air, produit l'acide sulfureux, qui est naturellement à l'état gazeux. L'acide sulfurique est des plus utiles en chimie et dans les arts. A l'état liquide, il renferme toujours de l'eau : sa préparation est assez compliquée.

Il existe deux oxydes et deux acides de chlore; ces composés détonent par la chaleur.

L'azote forme avec l'oxygène cinq combinaisons : un protoxyde susceptible d'être respiré; un deutoxyde ou gaz azoteux, qui devient rutilant au contact de l'air; alors il se produit de l'acide azoteux, qui, en réagissant sur l'eau, donne lieu à l'acide azotique, dit *eau-forte*; quant à l'acide hypo-azoteux, on ne peut l'isoler de ses combinaisons. Sur deux volumes d'azote, le protoxyde contient un volume d'oxygène; le deutoxyde, deux; l'acide hypo-azoteux, trois; l'acide azoteux, quatre; et l'acide azotique, cinq. Ces cinq combinaisons étaient désignées par les mots : *protoxyde d'azote*, *oxyde nitreux*, *acide nitreux*, *acide hypo-nitreux*, *acide nitrique* ou *eau-forte*.

L'hydrogène donne lieu à quelques composés, qui ont tous les caractères acides. Les principaux sont l'hydrogène sulfuré, autrement dit acide *hydrosulfurique*, dont l'odeur est extrêmement désagréable; et l'acide hydrochlorique, jadis *acide muriatique*, qui se dissout abondamment dans l'eau, et sert beaucoup en chimie et dans les arts comme dissolvant. Trois volumes d'hydrogène, combinés avec un volume d'azote, donnent deux volumes d'*ammoniaque*, corps très-remarquable par son odeur et par toutes ses propriétés chimiques.

Parmi les oxydes, on doit distinguer l'*alumine*, réunie à la silice pour composer toutes les argiles et la terre à porcelaine; la *chaux*, que l'on retire des pierres à bâtir, et qui sert à composer le mortier avec le sable siliceux; la *baryte*, servant de réactif en chimie pour reconnaître l'acide sulfurique; la *potasse*, retirée des cendres de bois, servant au blanchiment des étoffes; la *soude*, extraite de la cendre des plantes marines, et qui, en se combinant à l'huile, forme le savon; l'oxyde noir de manganèse, servant à dégager le chlore de l'acide muriatique; les trois oxydes de fer, blanc, noir et rouge, dont le second forme dans la nature la pierre d'aimant, et dont le troisième est la *rouille*, ou le minerai d'où l'on retire le fer; l'oxyde blanc d'arsenic, poison violent; le deutoxyde de cuivre, servant à faire l'analyse des matières organiques; les trois oxydes, jaune, rouge et brun du plomb, le premier étant la litharge, que l'on fond avec le verre pour faire le cristal artificiel, et le second formant la couleur dite *minium*.

XXX.

QU'EST-CE QU'UN SEL? — QU'ENTEND-ON PAR SEL NEUTRE, SEL ACIDE, SEL ALCALIN?

La combinaison d'un oxyde avec un acide produit un composé du second ordre, qui porte le nom générique de *sel*. L'acide en *eux* donne au sel la terminaison *ite*, et l'acide en *ique* donne a ce sel la terminaison *ate*. Ainsi, *sulfite de potasse* désigne un sel résultant de la combinaison de l'acide sulfureux avec la potasse (qui est un oxyde de potassium); et *sulfate de potasse*, un sel formé d'acide sulfurique et de potasse. Quand le sel contient un atome d'acide avec un atome d'oxyde, ce dernier étant la *base* du sel, on dit que le sel est *neutre* : mais c'est un *sel acide* ou un *bi-sel*, quand deux atomes d'acide sont réunis à un seul atome de base; et c'est un *sel basique* ou un *sous-sel*, lorsque deux atomes de base sont réunis a un seul atome d'acide.

Carbonates. Leur caractère essentiel est de faire effervescence dans l'acide nitrique. Tous les carbonates sont décomposables par le feu, excepté ceux de baryte, de potasse et de soude. Ils sont insolubles dans l'eau, excepté ceux de potasse et de soude; mais plusieurs s'y dissolvent à la faveur d'un excès d'acide carbonique.

Sulfates. Leur caractère essentiel est le suivant : si le sulfate est soluble, en le décomposant par un sel de baryte, le sulfate de baryte qui en résulte est le seul des sels de baryte insolubles qui ne se dissolve pas dans l'acide nitrique. Si le sulfate est insoluble, on commence par le transformer en un sel soluble par le carbonate de potasse. Les sulfates insolubles sont ceux de baryte, d'étain, d'antimoine, de bismuth, de plomb et de mercure.

Phosphates. Si le sel est soluble, il faut le transformer en phosphate de chaux insoluble, et traiter celui-ci par l'acide sulfurique, pour obtenir un sulfate de chaux et un phosphate acide de chaux; on calcine ce dernier, et on obtient du phosphore dans le col de la cornue. Si le sel est insoluble, on le transforme en sel soluble par le carbonate de potasse a chaud, et l'on agit comme précédemment. Tous les phosphates, excepté ceux de potasse et de soude, sont insolubles; mais ils deviennent solubles dans un excès d'acide phosphorique.

Azotates. Leur caractère essentiel est une vive déflagration sur les charbons ardents; ils dégagent des vapeurs blanches sans effervescence dans l'acide sulfurique. Tous les azotates se décomposent par le feu. Ils sont tous solubles dans l'eau.

Hydro-chlorates ou *muriates*. S'ils sont solubles, en les versant dans une dissolution d'argent, il se précipite un chlorure d'argent insoluble dans les acides et soluble dans l'ammoniaque. S'il est insoluble, on le transforme en sel soluble par le contact du zinc.

Les sels les plus utiles sont les suivants : le carbonate de potasse, que l'on obtient en lessivant les cendres de bois; le carbonate de soude, extrait des cendres des plantes marines; le carbonate de chaux, ou la pierre à bâtir, le marbre, la craie, et une multitude de variétés; le sulfate de chaux ou gypse; le sulfate de magnésie, pour la préparation de tous les sels de magnésie, remarquables par leur amertume; le sulfate de fer, servant à fabriquer l'encre avec la décoction de noix de galle; le sulfate de cuivre, d'une belle couleur bleue; le sulfate double de potasse et d'alumine, ou *alun*, servant à mordancer les étoffes dans l'art de la teinture; le borate de soude, ou *borax*, si utile dans la soudure des métaux; le nitrate de potasse, ou salpêtre, dû à la réaction des éléments de l'air, qui se transforment en acide nitrique dans les pores des pierres calcaires, servant à la fabrication de la poudre à canon, qui contient en outre du charbon et du soufre; le nitrate d'argent, employé comme pierre à cautère et comme réactif du chlore; le phosphate de chaux, qui entre dans la composition des os, d'où l'on extrait le phosphore; le phosphate de soude, pour la préparation de tous les phosphates; le chromate de potasse, servant à faire tous les chromates, entre autres celui de plomb, qui donne une belle couleur jaune en teinture; le sel marin, ou chlorure de sodium, qui se rencontre en masse compacte, sous le nom de *sel gemme*, et en dissolution dans les eaux de la mer; le chlorure de calcium, propre à absorber l'humidité de l'air et des autres gaz; les chlorures de mercure, nommés en pharmacie *sublimé doux* et *sublimé corrosif;* le chlorure d'étain, employé comme mordant pour teindre en rouge de cochenille; les chlorates de potasse, qui sont des sels détonants avec les matières organiques, et d'où l'on peut retirer l'oxygène pur; le fluate de chaux, d'où l'on extrait l'acide fluorique pour la gravure sur verre; enfin le muriate d'ammoniaque, servant à former tous les sels ammoniacaux.

FIN.

Pl. I

Fig. 1. Fig. 2. Fig. 3.

Fig. 4. Fig. 5. Fig. 6. Fig. 7.

Fig. 8. Fig. 9. Fig. 10. Fig. 11. Fig. 12.

Fig. 13. Fig. 14. Fig. 15. Fig. 16.

Fig. 17. Fig. 18. Fig. 19. Fig. 20.

Fig. 21. Fig. 22.

LES AUTEURS GRECS ET LATINS DU BACCALAURÉAT ÈS LETTRES

expliqués d'après une méthode nouvelle

par deux traductions françaises, l'une littérale et *juxtalinéaire,* présentant le mot à mot français en regard des mots grecs ou latins correspondants, l'autre correcte et précédée du texte grec ou latin, avec des sommaires et des notes en français, par une société de professeurs, d'hellénistes et de latinistes; format in-12.

Auteurs grecs.

HOMÈRE: *Le premier chant de l'Iliade;* par M. C. Leprévost, professeur au Lycée Bonaparte. Prix........ 1 fr. 25 c.
— *Le premier chant de l'Odyssée;* par M. Sommer, agrégé des classes supérieures, docteur ès lettres. Prix...... 90 c.

SOPHOCLE : *OEdipe roi;* par M. Sommer et M. Bellaguet, ancien professeur de rhétorique, chef d'institution à Paris Prix.......................... 2 fr. 50 c.

PLATON : *Criton.* par M. Kastus, ancien élève de l'École normale, professeur agrégé de philosophie, docteur ès lettres. Sous presse.

DÉMOSTHÈNE : *Discours sur la Couronne;* par M. Sommer, ancien élève de l'École normale, agrégé des classes supérieures, docteur ès lettres. Prix............. 5 fr.

PLUTARQUE: *Vie d'Alexandre;* par M. Bétoland, professeur au Lycée Charlemagne. Prix................. 4 fr. 25 c.
— *Vie de César;* par M. Materne, professeur au Lycée de Dijon. Prix.......................... 2 fr. 50 c.

Auteurs latins.

VIRGILE : *La première Églogue;* par MM. Sommer et Aug. Desportes. Prix........................... 30 c.
— *Les quatre livres des Géorgiques;* par les mêmes.. 3 fr.
— *L'Énéide:* par les mêmes :
    Livres I, II, III réunis en 1 volume. Prix........ 4 fr.
    Livres IV, V, VI réunis en 1 volume. Prix....... 4 fr.
    Chaque livre séparément. Prix......... 1 fr. 50 c.

HORACE : *Le premier et le deuxième livre des Odes ;* par les mêmes. Prix............................ 3 fr.
— *Les Satires :* par les mêmes. Prix............... 3 fr.
— *Les Épîtres ;* par M. E. Taillefert. Prix........... 3 fr.
— *L'Art poétique ;* par le même. Prix............. 90 c.

CICÉRON : *Les Catilinaires ;* par M. J. Thibault. Prix. 3 fr.
— *Plaidoyer pour Milon ;* par M. Sommer. Prix. 2 fr. 50 c.
— *De la Vieillesse ;* par M. Garet, professeur au Collége Rollin. Sous presse.
— *De l'Amitié ;* par M. Legouez, licencié ès lettres. Sous presse.

TACITE: *Vie d'Agricola ;* par M. H. Nepveu. Prix. 1 fr. 75 c.

On trouve à la librairie de MM. L. Hachette et Cie, les textes français, latins et grecs des auteurs prescrits par le programme officiel.